淡水缸
魚類圖鑑

從設置水族缸到選擇完美魚類
的完整百科！

吉娜山德佛（Gina Sandford）◎著　王北辰、張郁笛◎譯

晨星出版

目錄——實際操作

照片來源

標示照片頁碼與位置：
(B) Bottom,(T) Top, (C) Centre,
(BL) Bottom left 以此類推。

David Allison: 82(T), 169

Aqua Press
(M-P & C Piednoir): 82(B), 84,
85, 92, 95, 102(B), 105(L), 109,
116, 120, 130, 134, 138(T,B),
142(B), 152, 156(T), 157, 162,
178, 195, 200(T,B)

Photomax (Max Gibbs):
 64, 70, 94, 96, 98, 100, 106,
107, 126, 169, 176, 190, 194

Mike Sandford: 128, 170

Computer graphics by Phil
Holmes and Stuart Watkinson
© Interpet Publishing.

第一部：水族缸設置 *6-41*

第二部：各式選擇與後續維護 42-77

目錄——魚類圖鑑

第一部

水族缸設置

想到要組起一座完整的水族缸，就令人感到害怕。本書的第一部會介紹如何設置熱帶水族缸。完整讀過這些章節後，從頭思考：你需要什麼設備？水族缸要放在哪？要如何組裝？又要在哪裡購買這些設備？

找到一間能信賴的水族商家是重要關鍵，可以是一般商店、園藝與水族中心的攤位，或是大型寵物商店；多看看幾家，再選擇吸引你的那一間商店。聽聽別人的意見，也看看店中的生物是否健康。觀察大家在店裡停留多久；水族飼主常以停留在優良店家中數小時而聞名，最好四處看看並與店家聊聊。

別害怕別人會認為你是徹頭徹尾的大笨蛋，大家都經歷過新手時期，水族店家也能夠理解。他們會持續關注新手或潛在客戶一段時間，確認他們有沒有受到合適接待及幫助。拜訪商家、詢問需求最好的時機是人潮稀少的時段，像是週間或是一早剛開門時。若在繁忙的週末期間拜訪，店主會建議你等他有空與你談話時再回來；這是個好預兆。同樣地，當你購買淡水熱帶魚時，不要因為店家拒絕賣給你某種魚類就不開心，因為某些魚類可能會長得太大或脾氣不好，無法和魚缸內的其他魚類相處，或是很難餵食。

你的下一個任務是利用買來的東西打造出屬於自己的水族缸。在接下來的章節，我們會帶你一步步完成每個步驟。你可以慢慢摸索，嘗試完成每個步驟。這樣一來，你最後就會有個運作成熟的水族缸，養殖並展示淡水熱帶魚和水中植物，讓牠們在健康而迷人的環境中成長並陪伴你度過未來的幾年。你很快就能成為充滿熱忱的水族缸飼主！

選擇水缸與缸架

水缸和缸架的樣式依據個人品味而不盡相同，市面上有許多設計款式可以選擇。你需要考量的主要因素應該有：屋內可用空間、你的預算、想飼養的魚類大小及數量（需要依照表面積來決定），以及要如何運送水缸和缸架回家。

　　水缸的形狀通常是長方體，由玻璃平面組合而成，並以矽利康膠密封接縫。零售商會販賣標準尺寸的水缸，但也可以訂作客製化水缸。如果你選擇後者，要記得架櫃或缸架也需要客製化。有些水缸也會附上燈罩，不是之後會展示的標準形狀，就是針對該水族缸量身定做的尺寸；這些你都可以自由選擇。

　　優質的水族量販店會根據你的預算給你最適合的建議；如果你的車裝不下大型物品，也會提供運送服務，但有可能會加收費用。

壓克力水缸

壓克力水缸通常價格更高，但已逐漸成為替代玻璃的熱門材質。這種水缸比起容易刮到和沾上污漬的舊式塑膠缸更為進步。

上圖：水族缸上方的邊際顏色應與缸架和燈罩顏色相同以營造整體感，而不是亂七八糟的東西湊在一起。下方缸架使用黑色面板也有助於打造整體感。

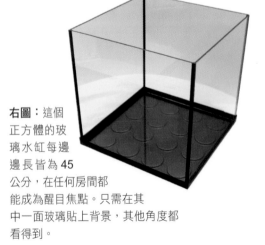

右圖：這個正方體的玻璃水缸每邊邊長皆為 45 公分，在任何房間都能成為醒目焦點。只需在其中一面玻璃貼上背景，其他角度都看得到。

下圖：像這樣的水缸與架櫃組合是一體成型的家具，你可以訂做合板來搭配你的裝飾。燈罩也是整體裝置的一部分，滑動的玻璃罩形成有效的冷凝罩，同時又能讓飼主伸手進去水缸內部。燈罩上方有個櫃子來置放燈管，邊緣也有空間收納照明裝置。後面挖空，以便能放進電線、空氣管線及過濾器水管。

左圖：扁平設計與現成的架櫃通常也是選項之一。有些中間還有空間讓你能安全而整齊地封住照明設備、外置過濾器及電線。

標準水缸的大小與容量		
水缸規格	容量	承受水重
60x30x30 公分	55 公升	55 公斤
60x30x38 公分	68 公升	68 公斤
90x30x30 公分	82 公升	82 公斤
90x30x38 公分	104 公升	104 公斤
120x30x30 公分	109 公升	109 公斤
120x30x38 公分	136 公升	136 公斤

上圖：現在的飼主有許多不同形狀與大小的水族缸可選擇。這種曲形水缸及底下專為水缸設計的缸架內建有燈光及過濾設備。

擺放水缸

尋找擺放水缸的
最佳位置

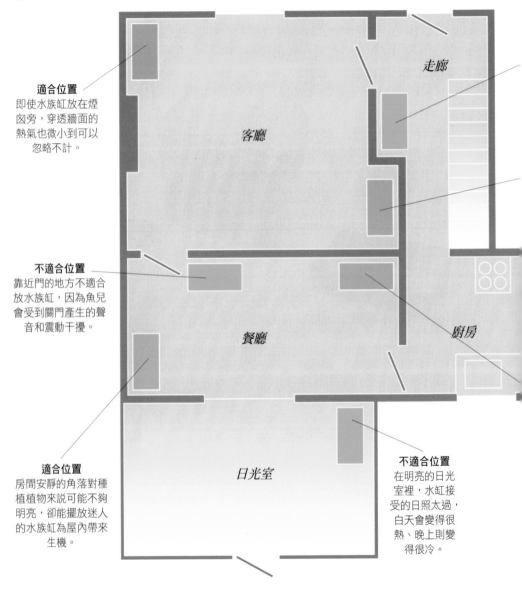

適合位置
即使水族缸放在煙囪旁，穿透牆面的熱氣也微小到可以忽略不計。

不適合位置
靠近門的地方不適合放水族缸，因為魚兒會受到關門產生的聲音和震動干擾。

適合位置
房間安靜的角落對種植植物來說可能不夠明亮，卻能擺放迷人的水族缸為屋內帶來生機。

不適合位置
在明亮的日光室裡，水缸接受的日照太過，白天會變得很熱，晚上則變得很冷。

走廊

客廳

餐廳

廚房

日光室

不適合位置

雖然水族缸在走廊上看起來十分宜人，但開關門會造成氣流影響，來往人潮也會帶來干擾，因此不是個適合的位置。

適合位置

選擇一個安靜的位置如壁龕，不僅能讓你接觸到水缸，又能連結電源。

不適合位置

將水族缸放在廚房不是個好主意，因為煮飯產生的油煙可能會影響魚類。

適合位置

水缸在這個位置距離門口有段距離，不受人們進出影響。

在屋內擺設水族缸通常需要跟實際環境妥協，畢竟很難找到擁有完美條件的位置。要記得，完整設置好的水族缸非常重；因為一公升的水重達一公斤，而本書範例提到的 60x30x38 公分水缸能夠裝下 68 公升的水，其重量就能推算為 68 公斤；而這還不包括水缸本身、架櫃、岩石及砂礫的重量。水泥地板應該能承受這個重量，但如果是木製地板，請試著將缸架擺設如下圖所示；這對大型水缸而言尤其重要。還要考量到與電源插座的距離，將水缸穩妥放置，不會傾倒在別人或其他東西上，也不會有被水缸或電源線絆倒的風險。

如果可以，將缸架對齊托樑，用托樑而非地板來承受整體設置的重量。

上圖：理想狀態中，我們應該將水族缸整體擺設放在不受進出人潮、窗戶光照及暖氣影響的位置。挑個隔離的角落，就能輕易架設並展示水族缸。

安裝水缸

為了示範水族缸設置的過程,我們選擇了標準尺寸 **60x30x38** 公分的水缸;如果你才剛開始養魚,這個尺寸的水族箱最為理想。這個小巧的尺寸讓你能輕鬆設置,也能放進較為狹窄的房子或公寓;若你是個年輕飼主,能放置魚缸的地方只有你的房間,那這也是適合的尺寸。雖然小巧,這個大小的水族缸卻能裝進足夠水量以防水質狀況劇烈變動,像是溫度或酸鹼值(酸度或鹼度的程度)等。有任何改變都會緩慢地發生,可以避免為魚類帶來壓力;同時也能給你時間採取應對方式來減輕問題,防止其惡化成嚴重的災難,像是更換故障的加溫器。

確認你的缸架或架櫃保持水平,放好水缸後再確認一次整體設置是否仍維持水平一致,包括兩側及前後方。必要的話做出細微調整,但請找別人幫忙扶著水缸,以避免水缸傾倒在你身上。

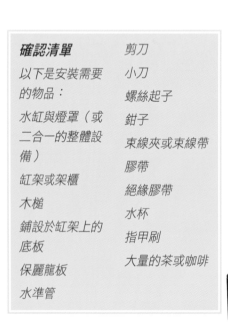

確認清單	剪刀
以下是安裝需要的物品:	小刀
	螺絲起子
水缸與燈罩(或二合一的整體設備)	鉗子
	束線夾或束線帶
	膠帶
缸架或架櫃	絕緣膠帶
木槌	水杯
鋪設於缸架上的底板	指甲刷
保麗龍板	大量的茶或咖啡
水準管	

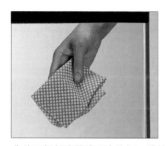

你的下個任務是清理水族缸。雖然水缸看起來很乾淨，但裡面一定會有一絲灰塵存在；如果不清理，就會在水族缸完成擺設後漂浮於水面上。只要使用新抹布和清水清洗水缸，因為清潔劑可能會使缸中生物死亡。

安裝缸架

上圖：缸架的四腳通常可以透過旋轉調高或調低。架櫃可能就需要在底下一邊塞入東西來保持水平。在這種情況下，記得確保你用的東西是安全的。

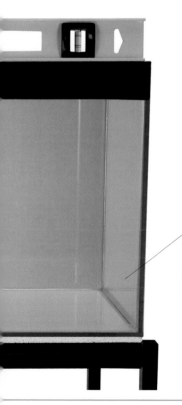

在這個時候最好在水缸中添水來測試會不會漏水；雖然現在這種事情很少發生，也很容易修復。如果水缸漏水，把水漏光並諮詢你信任的交易商，他們應該會幫你更換。如果是二手水族缸，將水流光並晾乾，並用水族缸矽利康密封膠將漏縫重新封住。

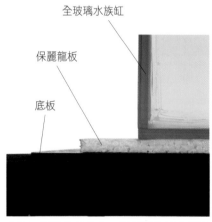

全玻璃水族缸

保麗龍板

底板

上圖：將玻璃缸放在一層保麗龍板上以平衡底板的不平之處。就算一點點碎屑也可能在水族缸裝滿水後，於底面玻璃上造成裂痕。

選擇與準備底沙

到了某個程度，底沙的選擇端視飼主偏好而定，但你也必須滿足飼養魚類的需求並配合使用的過濾方式。

天然細沙和砂礫分成幾種品質，最高品質的是圓形且沒有石灰質（海邊撿來的砂礫可能含有貝殼碎片，會使水質硬化）。有些魚類喜歡把自己埋進底沙中，有些魚類則喜歡從底沙中篩選食物。這種情況下，河沙、細緻或中等砂礫就比較適合。

另外一個考量是你要使用什麼過濾方式。細沙與細緻砂礫太過細小，不適合用於底沙過濾系統，因為沙粒會掉進濾板上的洞而造成堵塞。粗糙砂礫適合用於養殖大型魚類，但需要小心，因為碎屑和食物殘渣容易卡在砂礫之間的縫隙。

市面上也有彩色砂礫，但必須從可信賴的水族商店購買，因為過去曾有彩色砂礫將染色劑擴散到水中的事情發生，這會使魚類致命。

河沙
有著圓形的外表，河沙是養殖棲息底層魚類的最佳選擇。這類沙子之間留有空隙，讓水和植物的根能夠穿透其中。

中等砂礫
這是所有販售商品中的一般砂礫，適合作為所有大小水族缸的底沙材質。

細緻砂礫
這是小型水族缸的合適選擇，因為中等或粗糙砂礫比例看起來不搭。

如果你使用的是底沙過濾系統，在加入砂礫前就要先放入過濾系統。

粗糙砂礫
你可以在大型水缸中使用粗糙砂礫，或與中等砂礫混合製造出不同效果。用來產生河床作用特別有效。

加入砂礫

細沙與砂礫充滿髒污，即使它們在離開來源地前就已經被清洗過，但仍會留有灰塵，在使用前必須經過徹底清洗。將少量砂礫放在水桶裡並加入水，用手或木匙攪動。之後將水倒出，重複幾次倒水動作以確定水都倒乾淨。不斷重複這個清洗步驟，直到底沙確實清理乾淨。

加入砂礫時，你可以將之灑在底部。有些人喜歡平鋪底沙，也有些人喜歡將沙粒堆積在一邊，讓前景較為低矮、後景隆起。你可以自行決定，但記得底沙要鋪得夠厚，才能栽種植物。

砂礫應該鋪多厚？

如果使用底沙過濾系統，底沙平均鋪勻大約需要6公分的高度。如果不使用，底沙則應該要有4到5公分高。

安裝內置過濾器

過濾器分為兩種：內置與外置。如同其名稱，它們分別被裝在水族缸的內部和外部。幸運的是，兩者的運作原則相同，都是將水流帶進過濾器、通過濾材、再流回水族缸中。水流行進是經由電子馬達推動葉輪而產生。濾材提供了一個廣大的區域讓細菌進行繁殖。細菌能分解許多魚類產生的廢棄物質（詳見第 26 頁的氮循環）。其他濾材如活性碳，則能移除其他有毒物質。

文丘里效應

當水經由泵浦打回水缸後，也能經由文式管重新打入空氣。這樣能加快水流速度並從表面打入一絲空氣。

備用換氣裝置

雖然過濾器提供換氣功能，最好還是準備一個空氣泵浦或氣石當作備用的換氣裝置，以免過濾器故障。

內置過濾器

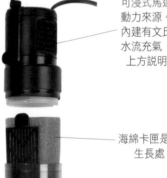

可浸式馬達提供動力來源。可能內建有文氏管替水流充氣（詳見上方說明）。

右圖：內置過濾器適合小型水族缸使用。細菌會在裡面的過濾綿上繁殖生長。在清理水族缸時，用缸水（換水時的廢水）清洗過濾綿；這樣一來，就能移除卡在上面的細碎碎屑，也能將過濾菌留在過濾綿上。

海綿卡匣是益菌生長處。

塑膠管中有個內部隔離網，只讓乾淨的水流過。這整個裝置將水流推上泵浦。

安裝過濾器置放架

打開過濾器外包裝，並仔細閱讀製造商提供的說明書，因為不同型號安裝方式會稍有不同。依照指示組裝過濾器，將吸盤安在過濾器或置放架上；你可能需要將吸盤弄濕才能黏到玻璃上。

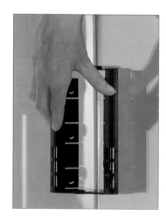

置放架會讓移除過濾器以清洗和維護的過程更為輕鬆。將置放架黏在水族缸角落，牢牢地按在玻璃上。將過濾器放入置放架時要小心，不要太用力弄壞架子。

將過濾器的噴嘴朝外放置，讓出水能向水族缸對角線方向流動。

安全第一

千萬不要在沒水時就開啟過濾器泵浦，否則會讓泵浦燒壞。如果想要進行測試，將過濾器放到一桶水中再進行。

確認製造商的指示，將過濾器頂部擺放和水面齊平或稍微低於水面。

確保過濾器底部和底沙之間保持距離，以避免累積塵土和碎屑，也讓水流能在過濾器周遭自由流動。

17

缸水溫度控制

　　熱帶魚類和植物需要熱度維持生存。在可接受的溫度範圍之外，牠們的身體會停止運作，然後死亡。水的溫度也會影響水的充氧度：水愈溫暖，所能容納的氧氣就愈少。不習慣低氧環境的物種會在水面喘氣。在較冷的環境中，魚類通常會慢下動作，並在缸底休息；植物則可能加速生長而變得雜亂或是直接瓦解。幸運的是，現代科技讓飼主輕鬆就能將水缸溫度維持在自然均溫 23 至 24℃左右；你只需要從當地水族商店購買加溫裝置即可。你以為在中央控溫的家中不需要加溫器嗎？大錯特錯！白天時，周遭的室溫或許能讓水族缸保持溫暖，但水族缸內的溫度無法升高到與室溫相同，會比室溫稍微低幾度。因此夜裡休息、沒有暖氣時會如何？水缸溫度就會下降，可能導致嚴重、甚至致命的情況。因此，你必須把溫度維持在適合的範圍內，而溫度調節器能做到這點。

安裝加溫器

打開溫度調節器包裝並依照指示進行安置與調整。仔細閱讀指示，因為不同製造商的安裝方式可能會有所不同。將吸盤黏上，確認設定的溫度是幾度，必要的話調整溫度。

安全第一

水族缸沒裝滿水之前，千萬不要打開加溫器。

許多製造商推薦將加溫器稍微傾斜置放（加溫部分朝下），這樣一來，熱氣上升時就不會直接籠罩調節鈕。

加溫器底部和底沙之間應該留有空隙，不要將裝置埋在沙中，否則會導致裝置過熱。同時也要確認缸內水流不會受到擺在加溫器前的裝飾阻礙。

上圖：吸盤通常是和加溫器分離的；將它們裝到加溫器上，一個靠近頂端、一個靠近底部。你可能需要弄濕吸盤才能黏在玻璃上。記得留著備用的吸盤及溫度調節器。

水流經由過濾器循環，經過加溫器就能加溫。

需要多大的加溫器？你需要的加溫器（瓦特）會依據水族缸大小而有所不同。原則上來說，每 27 公升的水需要 50 瓦特。

不同類型的加溫器

可浸式溫度調節器是最適合新手飼主的類型。這個類型的加溫器容易管理，又能浸到水中，一旦設定好理想溫度後，就不會輕易被改動。也有分離式加溫器，像是可浸式加溫器或是鋪在缸下的加溫墊，這兩者都能使用外置或內置調節鈕控制（小孩喜歡轉動外置調節鈕的轉盤，所以要特別注意放置的地方！）。市面上也有販售裝有加溫器系統的過濾器。

右圖：可浸式溫度調節器極為容易調節，只要扭動上方的調節鈕，就能調整到理想的溫度。不同型號會以攝氏（℃）或華氏（°F）刻度表示溫度，或者兩者皆有。有些型號會有燈光顯示電源開關，記得要將燈光位置調整到你能看見的角度。

選擇與準備木材

木材在水族缸裡非常有用，不僅看起來美觀，也能做為魚類食物的來源。無論是形狀或材質，木材看起來都比岩石柔軟。這裡介紹的沼木和沉木應該能在各個水族商店中買到，樹根應該也買得到。不要到野外收集木材，因為你無法確定自己收集到的是什麼；而且甲蟲也喜歡棲息在死木之中，想想你的水族缸中可能出現甲蟲及幼蟲的景象，那可不怎麼好看！

　　木材通常積了很多灰塵、十分骯髒，雖然在你購買之前就會經過洗滌，但你應該再自行檢查一次，移除木材上可能會有的死青苔或細根。這些步驟都能以乾燥的刷子來進行，但也或許會需要用水徹底刷洗一遍。你也可能需要將大塊木頭浸在水桶中（如果更大的話，需要放在浴缸裡！）來洗淨會讓水質染色的鞣酸。每天替換水桶中的水，直到水中染色程度降到可以接受的程度才停止（水族缸過濾器的碳也能幫忙減少染色）。

　　大多數人認為上過漆的沼木應該能阻止鞣酸溶解到水中，然而沼木這種天然材質的表面有許多凹處與裂縫，這些地方不可能上漆。水流卻有辦法進入這些縫隙，讓上過的漆浮起、失去功效。當魚類從沼木攝取部分飲食或摩擦木頭表面以製造繁殖凹槽（如鬍子異型）時，也會產生其他問題。上漆只適用於表面平坦的木材，例如竹子（詳見第 46 頁）。

你可以將木材放在加溫器的前方，但需確保不會靠在加溫器上。放入木材時，小心不要撞壞加溫器。木材不僅是水族缸景觀的一部分，也能幫忙隱藏加溫器。

人工木材選擇詳見第 48 頁

加入木材

將木頭擺好，安穩放置於底沙上並確保不會搖晃或倒下。擺放的位置不要阻擋到需要拿進拿出、進行更換或清理的設備。如果你發現木材大小不適合放進水缸，你可以試著小心地將它拆解成小塊，但不要用鋸子鋸開。順著木材的形狀和紋理進行擺設，如果看起來像棵樹，樹根向下延伸到缸底，就依照這個形狀放置。若木頭看起來像掉落的樹枝，最好將之倒放在水缸中。這個階段還沒有加水，因此能輕鬆進行嘗試、隨意改變位置。

沼木是水族缸最常選用的一般木材，比其他種類木材更需要仔細清理與浸泡。

沉木的費用比沼木還高，因為已經經過噴砂處理、清潔過，這也讓木材的顏色更淺。

不要將木材置於過濾器前方，會阻礙水流行進。在放入水族缸前，最好確認你選擇的木頭是否能沉入水中，因為有些木材可能會浮起來！

左圖：硬指甲刷或板刷能夠移除木頭角落及凹處的灰塵和碎屑；盡量多刷幾次乾燥的木頭。你可能也需要將木頭沾溼，才能移除難纏的髒污。

軟木的使用

軟木也能用於水族缸。有些軟木看起來像是剛從樹上剝下來的，需要好好浸在水中泡一下。浸過後晾乾，並用矽利康膠將之黏在一個底盤上，再將底盤埋在沙礫之下，以防軟木飄走。你也可以使用原本用來貼在牆上的軟木板，但要確定它沒有被上過漆、背後也沒有貼著硬板，因為黏著硬板與軟木板的黏劑可能對魚類有毒。

選擇與清潔岩石

要記得，經過水流侵蝕的岩石比破碎、尖銳的石頭看起來更為自然。盡量使用同一種岩石，不要混合不同顏色和材質的岩石。若你想在水缸中搭起岩石堆，將乾淨而乾燥的岩石以矽利康膠黏在一起，再放入水缸中。這樣能防止岩石堆崩塌。

下圖：下方展示的岩石都適合放在一般水族缸中。它們都是惰性岩石（不會釋放任何髒東西到水中），要是魚類想使用岩石產卵時，這些石頭的硬度也足夠當作產卵地點。

風化的岩石會有天然裂縫，在水族缸中能展現有趣的紋路。

帶有灰綠色的石頭增加了岩石顏色的選擇。

岩石從一定高度掉下的話可能會導致水缸破裂，放入水缸時請謹慎拿好。

頁岩的黑色色調能製造強烈對比感。

暖色調在燈光照耀之下會微微發亮。

花崗岩多粒的材質與硬度為水族缸景觀增添了「重量」。

右圖：岩石需要清潔，尤其需要刷洗！你會很驚訝看似乾淨的石頭上藏有多少髒污，尤其是岩石上有深縫時更能藏污納垢，就像圖中所示的這塊風化岩石。要確保移除所有灰塵、髒污、青苔或苔蘚，以防岩石污染了水族缸。

擺放岩石

1 仔細計畫岩石擺放的位置，這些石頭都很沉重，你可能會需要別人幫忙移動及置放大塊岩石。左右搖動擠入底沙，直到石頭碰觸到玻璃底面，以防魚類挖動這些岩石。

2 當你完成主要岩石的擺設後，就可以加入其他小型石頭，直到完成整體景觀設置。要記得留下能拆裝需要替換或清洗設備的空間，並且避免阻礙過濾器的出水水流。

放入沉重岩石時要特別小心，以免不慎損壞你剛安裝的設備。

左圖：水蝕過的小型圓石可以幫忙柔化大型尖銳岩石的稜角。

打造穩定的岩石架構

如果你想將石頭一塊塊疊在一起，做出像洞穴形狀的架構，你必須安全地擺放最底層的岩石。魚類比你想像得更有力，可能有辦法移動你以為很安全的架構，導致岩石掉落並造成水族缸玻璃碎裂。記得一定要維持穩定的岩石架構。

加入缸水

替水缸添水

替水缸添水最容易的方式就是使用水壺。在這個階段，使用冷水或熱水都可以，因為缸中目前還沒有任何動物或植物。將水緩緩倒在一塊平坦岩石上，以避免嚴重擾亂鋪設好的底沙。雖然花費時間較久，但總比破壞缸內景觀來得好。如果你設置好的岩石景觀中沒有適合的岩石，將水倒入缸內暫時放置的淺碟中。

將底沙放到水缸裡前洗得愈乾淨，加水時就愈不會看見塵霧形成。當水族缸的水加滿後，重新整理因倒水太大力而亂掉的底沙。

使用乾淨的水壺開始倒水填滿水缸。隨著水平面上升，你可以改成使用水桶倒水，只是要注意不要嚴重擾亂底沙。

自來水

自來水會經過各地的自來水公司處理，變成適合人類飲用的水質。氯氣普遍用來淨化水質；如果使用的量很大，打開水龍頭時甚至還能聞到氯氣的氣味。如果你讓水靜止二十四小時，氯氣就會消散。你可以透過加入氣石來刺激自來水、加速消散過程。

自來水公司還會加入另一種化學物質，也就是氯胺。這種物質比較難處理，因為它無法自然消失。如果你的地區使用了這種化學物質，就需要購買自來水調節劑來中和（這種中和劑也能處理氯氣）。與你的自來水公司確認他們在水中加了什麼化學物質；如果接待人員態度友善，他們可能還會告訴你他們使用什麼物質來沖洗管線、殺蟲等，這些也有可能影響到魚類。

其他自來水污染物質包括農業肥料溶入水流形成的硝酸鹽和磷酸鹽；每年水中的含量都可能有所不同。

水族缸衛生

如果你使用水桶，要確定內部沒有任何清潔用品殘留；最好備有一個水族缸專用的水桶。

上圖：為了中和自來水中供給人類飲用而加入的化學物質，使用自來水調節劑處理是快速又有效的辦法，用在水族缸也很安全。

酸鹼值

酸鹼值是用來檢測水質的酸性與鹼性。數值從 0（酸性最強）到 14（鹼性最強），而 7 為中性。這些數值以對數表示，所以數字變動一位，就是前一個數字的十倍。看起來是微小的改變，卻會帶來劇烈的影響。市面上買得到測試工具與電子量表來測量酸鹼值。

加入植物前的系統建立

氮循環的運作方式

在等待系統成熟以加入第一棵植物的同時，我們應該先學習一些水族缸中會出現的自然化學作用過程；其中最重要的是含氮化合物的循環過程，通常稱為氮循環。這個自然循環是將死亡或腐敗的含氮廢棄物經由細菌轉換，從有毒的化合物如「氨」，轉變成無害物質如「硝酸鹽」，再由植物吸收。在你完成設置水族缸後，這項循環就會開始運作。而過濾系統也會協助循環作用，當過濾系統逐漸被益菌佔領後，會使得循環更有效率。然而當你加入魚類後，系統負擔會變得過重，因此需要幾天讓細菌繁殖、增加數量，才能處理多出來的廢棄物。這就是為什麼一次最好只加入幾隻魚，不要一次全部加入。最先發生的作用是細菌分解魚類排泄和分解作用時產生的有毒氨，這個步驟會產生亞硝酸鹽。而亞硝酸鹽即使濃度低，也會毒害魚類。亞硝酸鹽則進一步由細菌分解成較為無害的硝酸鹽。在理想世界中，所有的硝酸鹽都會被植物吸收，但在水族缸中卻沒那麼簡單！我們通常會在水缸中裝入太多魚，因此產生比植物所需還多的廢棄物，造成水中硝酸鹽含量升高。為了避免這種情況，需要定期更換部分缸水。

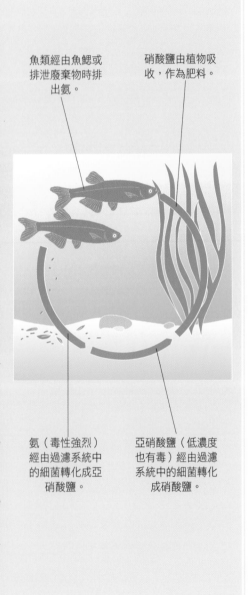

魚類經由魚鰓或排泄廢棄物時排出氨。

硝酸鹽由植物吸收，作為肥料。

氨（毒性強烈）經由過濾系統中的細菌轉化成亞硝酸鹽。

亞硝酸鹽（低濃度也有毒）經由過濾系統中的細菌轉化成硝酸鹽。

安全第一

在打開電源開關前，需確保所有設備都正確安裝（浸水水位正確並確實連接）。

氧氣及二氧化碳含量

氧氣（及其他氣體）在水面進出水體，我們可以透過使用氣石攪動水面或在過濾器出水口增設灑水棒來增加水中氧氣含量。要記得，溫度上升後，水中能溶解的氧氣含量也會隨之減少。溶解的二氧化碳含量也會影響水族缸容納魚類數量的能力，但可以透過定期打入氧氣來移除過多的二氧化碳。

確認溫度調節器浸到水中。

水中的塵霧應該能經由過濾系統排除。

確認過濾系統正常運轉；必要的話，調整水流方向及流動速度。

水中植物

植物在達到平衡的水族缸中佔有重要地位，因為它們能幫忙降低水中硝酸鹽含量（詳見第 26 頁）。記得選擇水生植物，而非有時候當成水族缸植物販售的室內植物。

　　植物的選擇標準為大小、葉片形狀和顏色。將高的植物放在水族缸後景，而中等及低矮植物則放在水族缸的中景和前景。植物可能以盆栽或裸露根部形式販售；只要看起來健康，兩者都可以選擇（詳見第 33 頁）。

　　將植物一株株分次放入；雖然好像很麻煩，但這麼做會有好處（畢竟你也不會想在一個洞中種植三、四顆高麗菜或玫瑰，還期望它們長得好）。植物之間要相隔足夠距離，好讓光照能照射到底沙。將植物成排種植、每排參差交錯，這樣從前方看來就會像一整面的植物牆。

安全第一

開始佈置水族缸前，將所有電子設備電源關閉。更保險一點的話，拔除電源線。

這株健康的虎耳在小型塑膠盆裡的土壤介質中生長。

椒草的葉片絕對不能有損傷，因為很快就會往下腐蝕到根冠。

左圖：從介質中解開後，你會發現這株椒草是由幾株小型植株所組成。讓每一株植株都擁有足夠空間生長，就能在水族缸中生長成一整片。

欲了解更多水族植物，詳見第 50-57 頁

種植扭蘭

輕輕握住植物底部，使用同一隻手的手指在砂礫中挖出一個洞。這樣能避免將植物插入底沙時損害植物的根莖。挖出的洞深度需讓植物不會搖搖欲墜；這需要練習，卻很有用。

於第一排植物前方大約 2 公分處種植下一排植物，並重複同樣步驟。若有需要，以相同步驟種植其他排植物。

開始栽種前，稍微降低水面高度；這樣不僅能避免濺出水，也不會弄濕你的袖子！

將下株植物種在距離第一株植物約 2 公分的地方，並繼續維持同樣距離種下其他植物，直到在水缸後方種滿一排。

種植植物時，由水族缸後方往前方種植。挖掘的深度應根據植物的品種而有所不同。在上圖中，確認植物底部白色部分的深度，白色區域的上端應該要露出砂礫表面。

水中植物

有些植物會以剪下來的枝葉販售，有些則是聚集成一束或一叢販賣。無論你選擇哪一種，都要以同樣的標準檢視。要選擇有翠綠葉片、沒有死莖或腐葉的健康植物。剪枝植物的底部特別容易腐爛，因為它們被插入砂礫中時莖部容易受到損傷。當剪枝植物以鐵絲圈成一大把時更容易腐爛，因為莖部有了擦傷，進而成為受到感染的部位。

左圖：小心移除菊花草底部的鐵絲，並輕輕分開每一株植物。動作必須輕且緩，因為菊花草極為容易被碰傷。

左圖：使用一把銳利剪刀剪開葉片枝節下方裸露、受到損傷的莖部，並丟棄受傷的部分。如果你需要矮一點的植物，可以剪掉更多莖部。

　　這些植物在水族缸中佔有極大優勢：你可以依照自己理想的設計，將它們剪成你想要的長度。它們通常會長得很高，能放在水族缸角落；但也能剪成短枝，這樣一來，每排高度就可以逐排遞減，打造一排植物牆。

▶ 處理植物小訣竅

當你將植物帶回家後，小心打開包裝。在準備開始種植前，將植物放在裝滿淺淺溫水的托盤中，以免它們乾掉。有必要的話，使用塑膠袋覆蓋。

空出大把時間來種植水族缸植物；匆忙種入植物可能會讓它們受到損傷。

如果你無法一次找齊想要種植的植物，別慌張；之後可以再加入植物。

以剪枝販售的水族植物

主要以剪枝販售的植物有虎耳、菊花草、水蓑衣、丁香及水羅蘭等。請以本頁所述方法處理這些及其他剪枝植物。

欲了解更多水族植物，詳見第 50-57 頁

種植菊花草

從水缸邊緣往前方種植，小心不要拉扯到已經種下的植物。完成植物擺設後，我們將在前景留下開放區域，好讓棲息於底缸的魚類能出來悠遊並進食。

選擇顏色、葉子形狀相映稱的不同植物。扭蘭的大片葉子適合將過濾器隱藏起來，而有著柔軟葉片的菊花草在這裡則會一直受到摧殘，最好種在比較寧靜的地方，柔化木頭的銳角。

將每株植物分開種植，各株植物間需留有空隙，僅有葉片相碰（根據不同品種而定）且讓底沙能受到光照。

不斷種植植物，直到在水族缸後方建造出一排植物牆，但不要將菊花草放在過濾器直接出水水流前方。

水中植物

你可以使用如皇冠草的大型植物作為水族缸的視覺焦點。因為它們可以長得很大,這個尺寸的水族缸栽種一株就綽綽有餘。而針葉皇冠草則不會長得那麼大,適合放在水族缸前方,覆蓋底沙。

　　你也可以使用椒草作為主要植物,周圍種上幾株較高的植物,水族缸中景和前景部分種上低矮的幾種地毯植物。種植完成後,它們的藤蔓會向四周延伸;你必須定期檢視,否則它們會蔓延到整個水族缸。這些植物以裸根或種於小盆中的方式販售,你可以看到每一盆中通常有六、七株椒草。

種植皇冠草

握住準備好的植物底部,並輕輕將之推進底沙中;在推的同時也以手指在底沙中挖出一個小洞。且要確保根部埋在沙中,否則植物將會浮起。

皇冠草葉片伸展空間極大,底下會產生陰影區域。這塊地方適合高度不高、喜愛陰影的植物品種,像是一些小型的椒草。

將植物放在各個角度都能看到的位置,並留有空間讓葉片伸展。我們選擇擺放的位置位於木頭前方、小圓石後方。

欲了解更多水族植物，詳見第 50-57 頁

選擇健康植物

記得選擇健康的綠色葉片植物（或是紅色，如果這是植物天然的顏色）且沒有任何變黃的跡象。選擇莖部葉片輪生體較短的植物（太長的話代表植物被強迫生長）。避免選擇有受損葉片（破洞或撕裂）或有落葉的植物，或是根冠、莖部受損的植物。

1 將植物從小盆中拿出，並輕輕撥開包覆住根部的土壤介質。這樣就能看到植物基底與根部；健康的根部通常是白色的。

持續將水族缸種滿植物。你可以在這塊岩石旁種上一叢丁香，藏住銳角；或是在岩石和小圓石之間種下一、兩株小型椒草。完成種植後，再次將水缸加滿水。

2 小心移除仍附著在根部上的介質。如果介質看起來像是濕掉的紙，很容易就能剝落；如果看起來像一片粗毛過濾布，則比較難清除。

準備燈罩

燈罩不僅能防止灰塵和髒污落入水族缸，也能放置重要的燈具，促進水族植物健康生長並讓你看見水中魚類。市面上的燈罩有許多樣式，因此你可能需要依據不同樣式稍微改變安裝順序。舉例來說，有些燈罩前方已經有燈管夾；或是某些水族缸已附有一體成型的燈罩，又或是在玻璃櫃上已附有燈管。確認你需要進行哪些步驟來安裝燈罩，打開燈罩外包裝和開關裝置，並檢查所需工具是否一應俱全。

將螢光燈管放入燈罩

1 將開關裝置放入燈罩後方隔間，這個裝置非常重，最好在桌上或地上進行組裝，以避免裝置不慎掉入水缸，破壞水缸玻璃或水中設備。

燈管

螢光燈管現在已成為標準配備。已經有數種不同顏色的螢光燈管能模擬自然光照、促進植物生長並加強魚類身上色彩。你可以搭配不同燈管使用；比方說，白色燈光（最下方燈管）加上粉紅色燈光（最上方）涵蓋了所有光譜，且能增進魚類身上色彩。藍色燈光通常是海水生物及無脊椎生物使用的燈光。對新手而言，白光是最適合的。

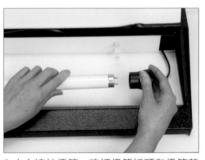

2 小心連結燈管，確認燈管插頭和燈管蓋的接口完全吻合；不要切掉燈管蓋的黑色部分來勉強裝入燈管，那個部分是用來分離缸水及電源，以確保你的安全！

安裝燈罩內的燈光

將燈管對準燈管夾，並輕輕推入正確位置。不要太大力，以免弄壞燈管夾或燈管。你可能會需要別人幫忙設置燈光，因為燈罩的遮板可能會掉下來蓋到你的手，最好有人來幫你扶著。雖然遮板不重，打到手上也不痛，但掉下來時非常惱人。

替換燈管

要記得燈管壽命有限；即使燈管看起來還能發光，你也該每六到十二個月替換一次燈管；這對維持植物健康生長十分重要。

輕輕將超過長度的延長線穿回燈罩裡的洞，並整齊放在角落隔間中。

燈罩的內部是白色的，能幫助反射燈光到水族缸中。

電線束線能讓電線整齊地待在角落隔間。

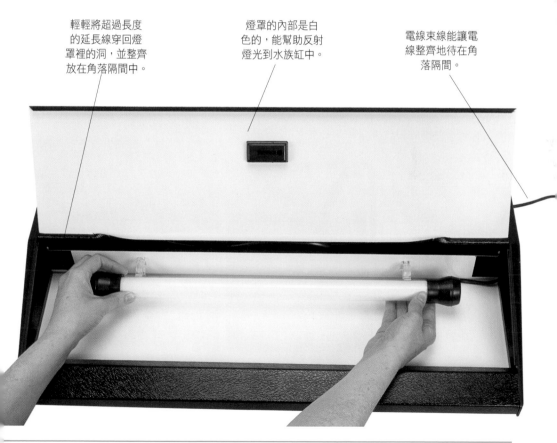

設置冷凝罩與燈罩

冷凝罩有三個作用：能透過減少蒸發，降低水分散失；能防止少量蒸發的水分觸及上方燈光設備的電力裝置；也能防止魚類跳出水族缸。冷凝罩的材質可以和本頁圖片一樣是塑膠（如圖所示）或是玻璃。有時候會需要切割冷凝罩以安置電線和水管。

　　有些水族缸會有完整的玻璃冷凝罩，可以左右滑動，方便伸手探入缸中。因為使用透明材質製造，冷凝罩能讓光線直接照射進水族缸。如果照射的光線減弱，就會影響植物的生長。因此最好確保表面玻璃時刻保持乾淨，並定期用濕布擦拭，以免藻類在上面生長，也能避免鹽分和餵魚時掉在上面的食物殘骸累積。

完整燈罩

你可以購買一整套水族缸組中已經安裝好燈管的燈罩。這種燈罩內的燈管已經做好防水防護，因此不需要再安裝冷凝罩。

置放燈罩

這是個複雜的程序，因為安裝完燈管的燈罩非常沉重，如果你不確定自己能不能獨自抬起燈罩並放到水族缸上方，請找別人協助；這樣比較安全，以免你把燈罩摔到水族缸上！由於主要線路的電線從燈罩後方延伸而出，你最好先把電線放在口袋中，以免你自己絆倒；或是將電線先收入燈罩的角落隔間中。

1 確定電線或水管能夠順利穿過切掉的部分。別忘了，使用這種冷凝罩時，你也需要切掉前面的一部分以方便餵魚。

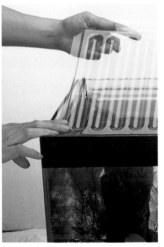

2 最後，將切割好的冷凝罩安放在水族缸上方。

將燈罩放回水族缸時，要確定位置正確。安放開關裝置的隔間應該位於水族缸的後方。

當你將燈罩慢慢往下放到水族缸上時，要記得冷凝罩已經放好了。如果裝著厚重燈光裝置的燈罩不慎滑落，可能會直接摔穿冷凝罩。

在你放下燈罩前，從水族缸後方確認水族缸情況。有必要的話，稍微調整植物和裝飾的位置。

選擇水缸背景與養成水族缸

水族缸背景可以依據個人喜好設置。最好使用整卷的塑膠，能防水、也容易剪裁。如果你選好了背景圖案，需要將之剪成符合水族缸高度的大小，而圖案樣式則會決定你要剪掉背景上方或下方。舉例來説，若圖案是單純的水族缸，將下方剪去，否則你會在水族缸中看到被剪掉上半部的植物。如果你選擇的是樹根，那最好剪去上方。選擇能完整水族缸裝飾的背景圖案；一整面岩石放在植物後方看起來可能會很奇怪。我們選擇的是中性黑色背景，能增加水族缸的深度，也能凸顯植物及魚類的色彩。

放入溫度計

將溫度計放置在容易讀取和拆卸的位置，避免直接放在過濾器出水口位置，否則會被吹動、與玻璃缸壁產生摩擦。這種內置式溫度計比黏貼式的功能更多，因為可以在換水時測試要換的新水的溫度。將黏貼式溫度計安置在不會受陽光照射或暖氣影響的地方。

上圖：放置溫度計的合適位置是前方角落，溫度計頂端剛好就在水面之下。

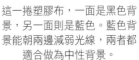

這一捲塑膠布，一面是黑色背景，另一面則是藍色。藍色背景能朝兩邊減弱光線，兩者都適合做為中性背景。

左圖：將背景圖片貼在後方玻璃缸壁的外部，並用透明膠帶黏住四邊。這種黏貼方式適合這個尺寸的水族缸；若是需要貼在長一點的水缸上時，可能會需要沿著上下邊緣貼上更多膠帶，也可能需要他人的協助。

養成水族缸

打開所有設備的開關，並確認設備是否運作正常。
要記得，水族缸需要時間養成。完整養成過濾系統
共需要三十六天，但你可以在七到十天後放入第一
批魚，隔一週左右再放入第二批。這樣一來，你可
以在五、六週或更久的時間內完成安置魚類的過程。

一開始的幾週，好氧細
菌會在過濾綿上繁殖；
它們能幫助分解魚類製
造的廢棄物。

每天檢查溫度計兩
次，並記錄每日溫
度。日夜溫度變化一
度左右是正常的，每
天有這樣的溫度變化
也屬正常，尤其是天
氣炎熱時。

燈光一天應該開足十四個小時，以促
進植物健康生長。最好的方式是設置
定時器，自動打開燈光。確保你的燈
光裝置有自動開關的安定器。

開始養魚

加入第一條魚是設置新水族缸整個過程中最令人興奮的步驟之一。謹慎挑選魚類，因為牠們將會陪伴你好幾年。水族商店會將你的魚兒包在塑膠袋中，裡面加入少許水和充足的空氣。接著應該會將塑膠袋放入紙袋中，因為在運輸過程中，讓魚類處於黑暗環境中能減少牠們需要承受的壓力。這之後通常還會再放入手提塑膠袋中。

如果天氣非常炎熱或非常寒冷，為了以防萬一，最好再加上一層隔熱盒或隔熱袋，以確保魚類在路上不會過熱或過冷。買完魚後直接回家，減少牠們的運輸時間，也能減輕牠們的壓力，這一切都是為了讓牠們有個好的開始。

2 如果運輸魚類的過程耗時許久，最好打開袋子讓牠們呼吸一些新鮮空氣。謹慎地將袋子外圍捲下，並掛在水族缸邊緣以防水流晃動袋子。你可以保持這樣的狀態一陣子以平衡水溫。

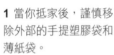

1 當你抵家後，謹慎移除外部的手提塑膠袋和薄紙袋。

常見謬論

有個常見的說法是混合少量水缸水和袋中水能讓魚類適應水質的微小變化。這樣的說法毫無道理，因為魚類需要幾天，而非幾分鐘、幾小時來適應水質變化。

3 當水溫平衡後，將魚類慢慢放入水缸中。不要直接將袋子倒置過來！輕輕傾斜袋子，一手撐開袋口，另一隻手慢慢拉起袋底，讓魚兒游出袋中。

魚類選擇新手指南詳見第 56-61 頁

完成的水族缸與你的第一隻魚

放出魚類後，安靜而小心地放下冷凝罩與燈罩。打開燈光，坐下來好好欣賞你的傑作。

一開始，魚類身上顏色並不明顯；這很正常，因為他們尚未適應新環境。當他們愈來愈自在後，顏色會更加明顯。

一開始，魚類會隱藏在植物後方。但這種情形只會持續幾分鐘，他們接著就會開始四處悠遊、探索新家。

關上燈罩時不要太大力，以免嚇到魚兒。

定期確認溫度，但不要太過多疑。要記得：一、兩度的變動都是正常的。

第二部

各式選擇與後續維護

在本書此章節中，我們會開始審視一些不同的過濾方式。過濾系統有許多不同的類型；有便宜的，也有昂貴的。我們為先前設置的水族缸選擇了簡單又有效的內置過濾器，但相信你也會想看看其他類型的過濾器。如果要設置大型水族缸，你可能會選擇使用外置過濾器，才能提供更強力的水流，並給你不同的過濾方式。

我們也將深入了解缸內裝飾與水族植物，若你在先前水族缸設置步驟頁面中沒有找到理想的植物，這些章節能給你更多選擇。

水族缸內總會發生出乎意料的狀況；有些令人開心，有些則不。魚類會繁殖，當你突然發現缸內多了一群小魚怎麼辦？「繁殖你的魚兒」章節能為你提供解決方法。同樣地，要是魚類身上佈滿小型白色斑點該怎麼辦？看看「魚類健康照護」章節尋找線索。

最重要的是，我們也會了解如何維持運作你辛苦架設的水族缸。必須再次強調定期進行徹底的水族缸維護工作有多重要。還要記得補給消耗完的物品，像是過濾綿等。存放設備的備用品感覺好像太一板一眼，但如果加溫器突然故障，你可能無法立即買個新的取代。

設置熱帶水族缸是項挑戰，但當你成功建立快樂又健康的系統時，一切努力都是值得的。飼養魚類是社交興趣，和別人談論魚類則是其中樂趣的一半，好好享受吧！

使用外置過濾器

許多公司都會製造外置過濾器,這些裝置的大小、設計各有不同,你必須從中選擇最適合水族缸的過濾器。理論上來說,這個裝置應該能夠在一小時內過濾兩次水族缸中的水;實際的運作速度通常會比理論慢一點,因為在收集室裡面的殘屑會減緩水流。水流速度通常會在過濾器外包裝上顯示,通常以公升／小時或加侖／小時為單位。

有些外置裝置的進水、出水口在頂端;其他型號則會將進水口放在過濾器底部,出水口則放在頂端。兩者的運作原則都一樣。水族缸的水流通過濾材後再抽回水族缸內。這個系統的優點是不會佔用水族缸內寶貴的空間、容易使用,效能既高又具備多功能。缺點則是花費較高;外置過濾器的費用比其他過濾系統都高,但你要想想:魚類的生命值多少?

外置過濾器的體積比內置過濾器更大,因此能放入更多濾材讓益菌生長。因為放在水族缸外,也比較容易清理。大部分型號都有可開關水龍頭。關上水龍頭後,你可以拆下過濾器裝置並拿到水槽清洗。在清洗時,要記得以水族缸換水後的廢水清洗濾材(海綿墊及過濾球),以免殺死細菌。你可以丟掉一部分最骯髒的過濾棉,再加入新的過濾綿。

外置過濾器圖解

放置泵浦馬達及進水、排水管。

過濾綿能防止細微分子卡在葉輪中。

活性碳能移除有毒物質。

過濾綿能防止活性碳跟過濾球混在一起。

過濾球是讓益菌繁殖的理想濾材。

海綿墊用來阻擋大塊碎屑。

塑膠罐部分以壓扣方式連結上方放置泵浦馬達的頂蓋。

上圖:這是基本的外置過濾器構造。你可以更換濾材;比方說,若你想養殖需要酸性水質的軟水魚,就加入少許網袋裝的泥炭。需要硬水的話,則加入石灰岩碎片。

將回流的出水管安置在水面上方，或是在水面下方一點。這裡為了拍攝，位置擺得低一點，否則通常會藏在水族缸上方黑色邊條後方。

將進水管懸吊在底沙上方（這裡看起來比較高是因為還沒放入底沙）。這樣一來，一旦最糟的情況發生——也就是水管鬆脫——水缸內的水也不會全部被抽離，而是留下少部分的水供魚類生存。

上圖：你可以使用吸盤將出水管筆直的塑膠部分貼在缸外玻璃表面，讓水管曲折的部份能從水缸上方越過玻璃邊緣。

水管開關讓過濾器在清理時能與水族缸分離，不怕將水灑得到處都是。

放置外置過濾器最明顯的地方就是水族缸下方。如果你有個架櫃，就能放在這裡，但要確定有空間讓空氣自由流通，因為馬達在狹隘空隙中運轉會過熱。

不同的水缸裝飾

除了我們在第 20 到 23 頁檢驗過的木頭和岩石之外，還有其他裝飾用品可以在水族缸裡使用。包括不同直徑的竹子、軟木皮，後者可以拼湊在一起製造看似大型卻又片段分明的裝飾物。也可以尋找奇形怪狀的沼木來製造目光焦點。而除了素面背景之外，也有「圖畫」風格的背景和利用塑膠模擬大自然材質的背景。這些都可以用於水族缸內部，在邊緣塗上矽利康密封膠黏著。

此塑膠背景有具紋理的表面，也容易裁切成不同大小。有些材質設計成岩石表面或大樹樹根。

右圖：竹筒能製造亞洲風格的水族風景。在細條竹筒的表面上漆，並在腐壞後用新的竹筒替換。

沉沒的城市背景能和其他相似裝飾品相互輝映，裝飾水族缸。

左圖：大支竹筒內外都必須上漆以防止腐壞。確保竹片完全乾燥，並使用適合油漆上漆。

樹木及木頭適合作為大型水族缸的背景。

因為竹子和軟木皮會浮起來，必須被壓住或是固定在一個位置上。可以用矽利康膠將木頭黏在沉重物品上，像是大石頭、一塊平面底盤或玻璃。將之放在底沙上，讓木頭看起來像是「靜置」在底沙上。

軟木皮能用矽利康膠黏在一片玻璃上，聚集成一群，並將玻璃隱藏在底沙之下。

使用一堆類似顏色及材質的岩石裝飾水缸能明顯增加深度。

水族植物背景能和栽種水生植物的水族缸互相融合。

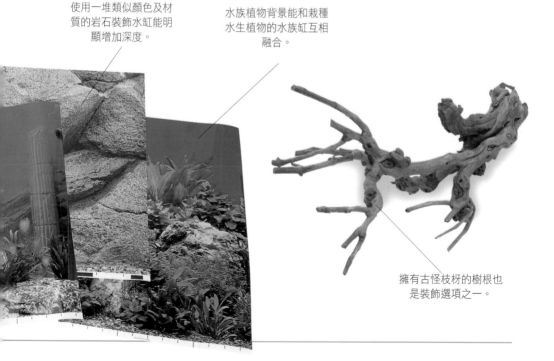

擁有古怪枝枒的樹根也是裝飾選項之一。

人工裝飾

如果你不想在水族缸中加入岩石或木頭，也有人工裝飾品可以選擇。類岩石的裝飾品有不同形狀及大小，可以用來創造岩石牆或拱門等。人工木頭看起來非常逼真，跟真實植物混在一起擺設的話，更加幾可亂真。這些裝飾物品的優點在於不需要事前準備（像是沖洗來清理灰塵等步驟），也不會影響水質。另一方面，它們不會像天然岩石和木頭一樣獨一無二，你可能會在朋友家中發現一模一樣的裝飾品。如果你真的使用人工裝飾品，以木頭為例，最好從同一家製造商購買，因為每家廠商的產品似乎都會有不同的顏色與表面材質。要是混搭不同商家的產品，結果可能會看起來不太自然。

未來的水族飼主

擁有新奇裝飾品的水族缸就像磁鐵一樣，能吸引小孩的注意力。他們對水族缸的著迷可能是未來對飼養水族生物產生興趣的第一個徵兆。如果裝飾品能吸引未來的水族飼主加入培育水族缸的行列，就有放入缸中的價值。

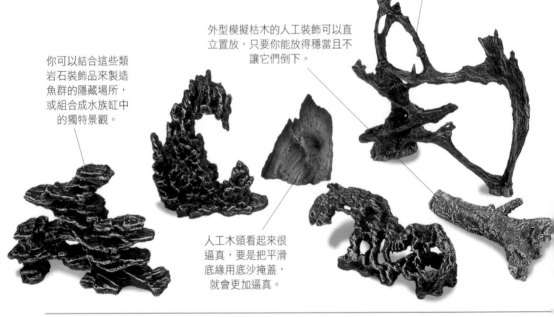

這些如樹枝狀的形狀能創造一種糾纏的效果，他們也為水族缸裝飾加入層次感。

外型模擬枯木的人工裝飾可以直立置放，只要你能放得穩當且不讓它們倒下。

你可以結合這些類岩石裝飾品來製造魚群的隱藏場所，或組合成水族缸中的獨特景觀。

人工木頭看起來很逼真，要是把平滑底緣用底沙掩蓋，就會更加逼真。

當然，新奇水族裝飾的市場已經發展得頗具規模，無論你要不要將它們加入水族缸中，都由你決定。如果裝飾品是由大型製造商所售，應該能確保它們不含有毒物質。盡量避免購買來源不明的廉價塑膠物品，因為它可能是由會傷害魚類的物質所製成的。無論你要放入沉船和潛水夫、水底城市或卡通魚，你終究會找到合適的擺飾。有些物品 —— 像是下面的潛水夫 —— 是以空氣作為動力。只要將一條空氣管連結到裝飾品上，再將空氣管連結到空氣泵浦上，它發出的成串氣泡就會浮到水面上，不僅讓潛水夫看起來栩栩如生，也幫忙攪動水面，增加缸水與空氣之間的交換。

在確認泵浦能為另一項物品打氣後，才購買以空氣作為動力的裝飾品，例如這個潛水夫裝飾。

左圖：小心擺放裝飾品，讓水流能自由流動，也能輕易拿出設備。人工岩石裝飾品對於隱藏直立水管及加溫器等設備十分有幫助。

年幼的孩子很喜歡像上圖這種色彩鮮豔的卡通裝飾品。

背景植物

在水族缸背景的植物應該都是高莖植物，而成叢擺設會比單株擺設來得好看。在大型的水族缸中，葉片肥厚的植物如大型齒果澤瀉（皇冠草）屬植物能夠單獨使用，也能在適當間隔之下成叢擺設。因為它們看起來很搶眼，不太適合和莖葉較小的植物互相搭配，最好跟大塊岩石或木頭搭配擺設。另一方面，叢生莖葉植物如菊花草屬、石龍尾屬、狐尾藻屬植物就很適合與高而莖葉小的植物搭配擺設，像是節節菜屬、水蘊草屬、虎耳屬或丁香屬植物。

左圖：大寶塔在螢光燈下能夠繁榮生長，其細葉的絲絨感能成為中景或前景水族植物的迷人背景。

上圖：狐尾藻屬（青狐尾）在大部分水族缸中都能順利成長，只要你能定期在水中加入綜合性肥料，並提供明亮金屬鹵化燈照明。

青葉草

種植背景植物

合適的背景植物包括：

虎耳 菊花草 泰國水蒜 皇冠草屬植物 四輪水蘊草 青葉草 大寶塔 水丁香 青狐尾 紅蝴蝶 美國水蘭

擺放植物

在水流流動之處——像是靠近過濾器出水口的地方——最好的背景植物就是那些具有狹長葉片的植物。它們的葉片適合受到持續干擾，在缸中呈現動態感。扭蘭屬和文殊蘭屬植物就很適合。栽種後景植物時，可以延伸到水族缸兩端，以營造更有包圍感的環境，也為植被景觀建立一道「邊界」。

　　植物能透過不同叢聚及栽種方式來創造有趣的室內設置。雖然我們很想使用很多不同植物，但最好限制叢聚的植物數量，不但簡單也有效率。

上圖：旋轉狀扭蘭葉如其名，比起直立的扭蘭屬品種，長得沒有那麼高。使用走莖繁殖。

挺直的扭蘭屬植物很高，脆弱的葉片很容易折到。你可能會被小水蘭的學名「Vallisneria spiralis」混淆，「spiralis」這部分指的是花莖旋轉而上。

皇冠草各個品種的葉子形狀不一，最好使用有著寬大葉片的品種以在水族缸中製造陰影區域。

寬葉的皇冠草（佩妮皇冠草）能忍受不同的水質條件，也包括硬鹼水。

中景植物

中景植物就是混合前景與背景植物的區域，能夠剪切成不同高度的植物最適合用在這裡，以製造植物叢聚的「隨性」感。背景區域有較高的植物，愈往前景植物則愈矮，讓各區域植物能夠融合在一起。血心蘭屬、虎耳屬、異蕊花屬、青葉草屬以及金錢草屬植物最適合用在此處。

扦插水族植物

有些熱門扦插水族植物是在乾季時從熱帶原生地區採集而來的。在這段期間，植物會有木本莖，也可能會開花，葉子形狀也和在水中時不同。我們很容易就能看出植物是離水還是在水中生長：如果是離水生長，抓住莖的底部，植物就會挺直；如果是在水中生長的植物，就會軟塌下來，因為通常是水幫助保持水生植物莖部挺直。你可以使用這些木本扦插植物來創造水族植物。首先，將它們栽種於裝滿水的空置魚缸中，並等候一段時間。在葉子凋零時將落葉移除；一段時間後，莖部上葉子生長的節點處就會發芽。將這些在水中生長的芽胞剪下，並以正常扦插方式培育。你這樣的動作正是重複植物在野外的生長循環，並提供一個突如其來的雨季；植物對此的反應則是生長出能夠在水中存活的葉片。這些葉片比起水外生長的葉片通常來得較為柔軟，也有不同的形狀和顏色。

許多水族植物現在都以噴霧繁殖，以降低對野外植物的過度採擷。它們在水中時可能會掉落幾片葉子，但這樣很正常，也會很快就恢復。

虎耳適合種在水族缸中景位置。將位於莖部最下方的葉片移除再種植，並小心照護，因為其莖部容易折損。

種植中景植物

中景植物包括：血心蘭、小榕、對葉、蘋果草、牛頓草、小竹葉、天胡荽屬植物、金錢草、鐵皇冠

湯匙蘭是種萬用植物，能單獨種植在開放區域，作為中景植物，或是密集栽種於水族缸的正中間。既能提供明亮光照，也是鐵質的良好來源。

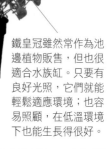

上圖：白花天胡荽莖葉不尋常的分支形狀讓它成為中景的特殊植物。

鐵皇冠雖然常作為池邊植物販售，但也很適合水族缸。只要有良好光照，它們就能輕鬆適應環境；也容易照顧，在低溫環境下也能生長得很好。

前景植物與漂浮植物

水族缸的前景能提供開放悠游遊區域，不該成為「水底森林」。但根據水缸的大小，選擇一、兩種「地毯植物」就能鋪滿整個開放區域，也不會干擾到魚類悠游的空間。這裡也是種植單株植物的好地方，像是從沼木中長出的小榕，可以生長在獨立空間或是地毯植物中間。

右圖：這裡的鹿角莫絲生長在陶土「石頭」上，可以放在前景任何位置上。

偉莉椒草是種矮小的植物，高度不會超過 4 至 5 公分。在良好光照下，會延伸到開放空間中。

小葉子的大珍珠草很容易養殖，需定期修剪以保持形狀。

上圖：小莎草有著雜草一樣的葉片，深受小魚喜愛。

種植前景植物

小榕
偉莉椒草
針葉皇冠草
牛毛氈
草皮
澳洲田字草
大珍珠草
鹿角莫絲
寬葉迷你澤瀉蘭
水茞草
新加坡莫絲

漂浮植物在水族缸中扮演了幾個有益角色。首先，它們為景觀添入了一絲「生氣」，模擬了野外河、湖佈滿植物的水面；同時也為其他植物提供了良好的陰影，並遮掩在水面下徘徊的魚類。漂浮植物在缸中很容易安置，在光線充足的環境之下也很容易生長。

漂浮植物
金魚藻屬
水蕨屬
布袋蓮
圓心萍
丁香萍
浮萍
鹿角苔
槐葉蘋

左圖：浮萍肥大的葉片上覆蓋了細緻絨毛，有種天鵝絨的觸感，提供良好換氣和明亮鹵素燈照明。

左圖：雖然角苔（金魚藻）通常會種植在底沙中，但其實可以算是漂浮植物，也適合低溫環境。

右圖：槐葉蘋的細羽狀根部能夠從水中吸收足夠的養分，並提供魚類躲藏的空間。

植物與木材搭配

有些植物如鐵皇冠，適合種植在木頭或多孔石上，而非底沙上。這種作法很適合用在調整缸中植物的高度和預防魚類挖掘底沙上。

1 你會需要一塊木頭、一些深色尼龍線、一把銳利剪刀，以及一株健康的鐵皇冠。

2 剪一段尼龍線，繞在蕨類的根莖部份之間。將根莖部分放在木頭上一個合適的位置 —— 一個看起來能讓植物自然生長的地方，再輕輕將線綁在木頭上。要小心，不要拉太緊，否則會切進、甚至切段根莖部分。將多餘的尼龍線段剪掉，植物就能準備放入水族缸中了。

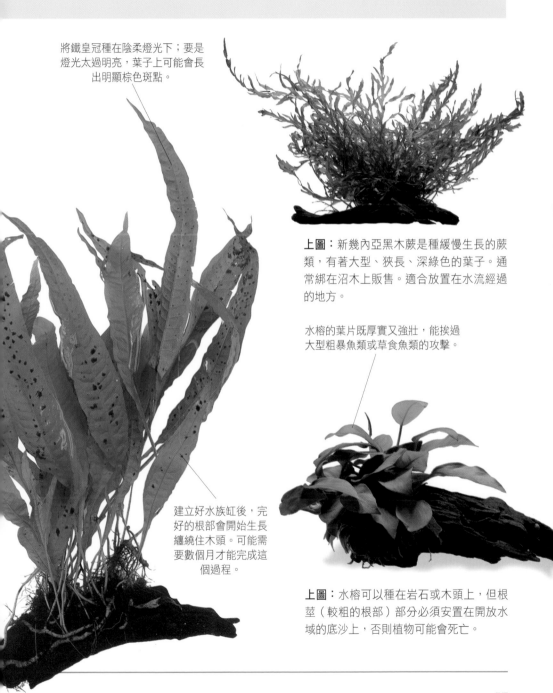

將鐵皇冠種在陰柔燈光下；要是燈光太過明亮，葉子上可能會長出明顯棕色斑點。

上圖：新幾內亞黑木蕨是種緩慢生長的蕨類，有著大型、狹長、深綠色的葉子。通常綁在沼木上販售。適合放置在水流經過的地方。

水榕的葉片既厚實又強壯，能挨過大型粗暴魚類或草食魚類的攻擊。

建立好水族缸後，完好的根部會開始生長纏繞住木頭。可能需要數個月才能完成這個過程。

上圖：水榕可以種在岩石或木頭上，但根莖（較粗的根部）部分必須安置在開放水域的底沙上，否則植物可能會死亡。

使用塑膠植物

現在，你可以選擇各式各樣的逼真塑膠
植物。不是每個人都會喜歡塑膠植
物，但它們自有用處——尤其是魚
類會不斷將真實植物連根拔起時。
塑膠植物也很容易安置，只要將植物
底部的塑膠盤埋到底沙中，就能固定位
置。你也可以將塑膠植物拉開再放回去，
以增加或縮短長度。最棒的是，如果塑膠
植物被藻類覆蓋，你還可以將它們拿出水
族缸清洗乾淨。另一方面，塑膠植物沒有
生命，因此無法像真正的植物一樣，協助
移除水族缸內的硝酸鹽。因此，你需要準
時定期換水，也必須十分注意過濾系統的
效率。塑膠植物最好能和幾株真正的植物
一起混合使用。

菊花草
葉片優雅細緻，但可
能很難保持乾淨。

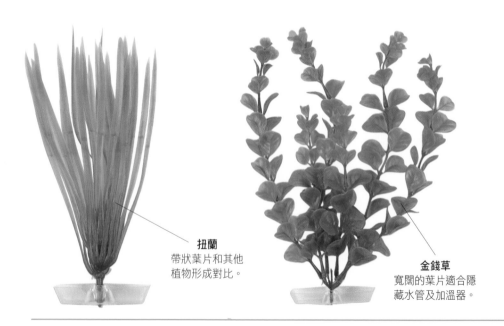

扭蘭
帶狀葉片和其他
植物形成對比。

金錢草
寬闊的葉片適合隱
藏水管及加溫器。

下圖：為了製作水草叢，你可以選擇兩、三種不同高度的相同植物。接下來很簡單，只要將莖部分開，並加入或移除部分根莖，直到莖部長度達到你想要的長度為止。

上圖：塑膠植物很容易安放進缸中。只要抓住植物底部，穩穩地插入底沙中，直到根部沒入為止。

只要將各葉片卡在一起，就能改變莖部的長度。

水蘊草
使用不同長度的葉片來打造水族缸中的叢聚植物。

上圖：底部透明的塑膠槽中裝滿底沙以防止植物漂浮起來。塑膠植物的好處是，你可以在注入水之前就先將植物放進水缸中。

飼料與餵食

就像其他生物一樣，魚類也需要食物維生；而牠們唯一能獲得食物的管道就是飼主投餵。在野外，牠們能夠上下游動，找到自己喜愛食物的豐富來源；但在資源有限的水族缸內，牠們只有被餵食的飼料。要記得考量到魚類天然的飲食，並給予對應的飼料。有許多不同的飼料種類已經被開發出來，以滿足所有魚類所需；飼料的各種不同包裝及大小可能會令人困惑，我們最好一起來逐一了解每種飼料。

儲存食物

乾燥食物在打開袋子後就會失去營養價值。最好一次只購買小份量的飼料——足夠三十到四十五天使用，並將開過的大型飼料袋冷凍儲存。

飼料錠
這些就像飼料片一樣，但形狀不同。有些會「黏」在缸壁上，適合中層棲息的魚類食用。沉入水中的飼料錠則能讓底層棲息的魚類受惠。

冷凍乾燥食物
這些食物以小方塊形式呈現，這裡用的是絲蚯蚓。

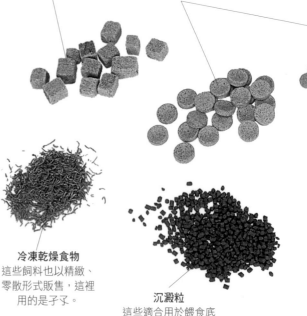

上圖：為了避免污染水質，只提供魚類十到十五分鐘內能消化的飼料片。

冷凍乾燥食物
這些飼料也以精緻、零散形式販售，這裡用的是子孓。

沉澱粒
這些適合用於餵食底層棲息的魚類。

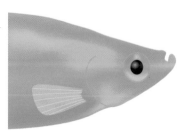

右圖：魚類嘴巴大小、位置是很好的線索，讓你能夠辨認不同魚類是如何進食，又適合吃什麼大小的飼料。

上圖：當「黏在」玻璃上的飼料錠分解時，會吸引缸中所有魚類的注意力。

這種下顎既長又低，代表這種魚類的進食方式是從下方接近食物。

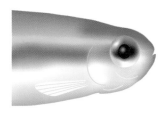

嘴巴位於魚體最末端的通常是中層棲息的魚類，這讓他們能迎頭接住食物。

漂浮飼料棒
在餵食有大型下顎的魚類時，這些很有用。

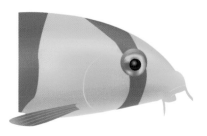

乾燥飼料
這些飼料有不同形狀，能提供大部分魚類所需的重要營養。每次僅撒下少量飼料，因為若是沒有被吃完，很快就會污染整個水族缸。飼料片是最常見的飼料形狀，它們也不斷有新的配方，能滿足草食及肉食動物的需要，同時還能讓魚兒身上的色彩更為鮮豔。

擁有延長上顎的魚類通常從上方接近食物，例如在底層棲息的魚類。

飼料與餵食

一天餵一次魚類沒有問題,有飢餓感(但不是快餓死)的魚是健康的魚。使用乾燥或冷凍飼料的話,一次只放入魚類能在十到十五分鐘內進食的份量,但草食魚類的餵養規則會有點不同:你可以將綠葉植物留在缸中,直到下一次餵食為止;但放入新的食物前要先拿出舊的食物。一開始先少量餵食,像是一小撮飼料片,一、兩錠飼料錠或一片生菜葉,再根據情況增減。

餵魚的時間是根據你所養的魚類種類而定;有些喜歡在清晨或黃昏出現,其他魚則可以在白天餵食。幸好,魚類在受限的水族缸中能夠改變部分飲食習慣,在一聞到食物時就出來進食,但要記得確保所有魚類都吃得到飼料。

魚類從牠們的飲食中能獲得許多好處。以乾燥食物作為基本飼料,一週提供一次到兩次冷凍食品或活食為佳。冷凍食品或活食能幫助維持魚類身體表面的光澤,也能幫助幼魚長成健康成魚。

左圖:將冷凍豆用食指和大拇指從豆莢中壓出,並將外皮去除,因為魚類通常會被外皮卡住。

下圖:有幾種綠色食物可以餵食給草食魚類。定期餵食綠色蔬菜,魚類就會遠離你的水族植物。記得將未吃完的葉片移除。將羽衣甘藍和寬葉香芹放在冷凍庫一夜能軟化葉片。

生菜葉
將之「種」在底沙中,讓魚類啃食。要是讓它漂浮著,魚類通常不予理會。

冷凍豆
不只草食魚類,許多其他魚類都會吃這些豆子。

節瓜和馬鈴薯
稍微煮過一下,讓表面軟化又不至於分解。這些食物也能以生食餵食。

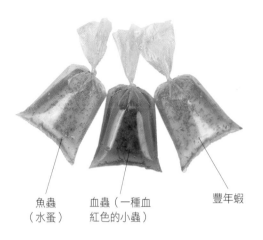

魚蟲
（水蚤）

血蟲（一種血
紅色的小蟲）

豐年蝦

上圖：水族活食飼料包括子孓和幼蟲、魚蟲及血蟲。這些從池塘中就能蒐集到，因為那裡沒有魚。最好避免使用活的絲蚯蚓，因為他們生長的泥巴受過污染；但冷凍乾燥的絲蚯蚓就能安全使用。

上圖：活食飼料如血蟲等能給魚類乾燥飼料以外的驚喜。

新鮮冷凍殺菌飼料

這些飼料以鋁箔包密封，可以分開使用。只要將其中一個打開，把飼料放入缸中，就能快速解凍。

一塊冷凍血蟲在解凍後，就能為大型或即將產卵的魚類提供良好豐富的「肉食大餐」。

度假時的餵食方法

若你要離家超過一、兩個星期，用錫箔紙分裝好每天的飼料片或冷凍乾燥食物，再交給朋友或管理員。或是買一台自動餵食機，這台機器能儲存飼料片或小型飼料，也能設定時間，每天定時投餵一次或多次。下方這台以電池運作的餵食器很容易設定。一到預先設定好的時間，裡面的食物盒就會轉動，掉出飼料；調整藍色轉盤以控制餵食的份量。

繁殖你的魚兒

雖然你可能還沒有想到要自己繁殖魚類,但若是水族缸情況符合魚類所需條件,牠們就會開始繁殖。若真是這樣,你下一步該怎麼做?

你要養的熱帶魚類分成兩種:卵胎生或卵生魚類。你在水族缸中第一次見到的很可能是卵胎生魚類的幼魚。

卵胎生魚類

魚如其名,這類魚生出的幼魚體型完整。牠們通常身型較大,生出的幼魚群也有一定大小。相較於從卵中孵出的幼魚,牠們體型更大,也更容易在水族缸中生存,但有些還是無法避免淪為其他魚類的獵物。牠們能夠啃咬飼料片的邊緣及植物上的藻類維生。為了餵食牠們,你可以將飼料片捏得更碎,或是加入專為卵胎生魚類製造的懸浮液狀幼魚飼料。

你也必須考量到多出的個體數量,無論數量多少,最終都會長大,魚類數量也會超過水族缸維生系統(過濾系統)所能負荷的數量。簡言之,你會需要另一個水缸。一個尺寸為 45x25x25 公分的水族缸能當作魚苗養殖缸;而閒置時也能作為適合的緊急隔離缸使用。在其中加入一部分主缸使用的水,再加入少量新水混合(同時也為主缸加入新水,就像換水一樣)。這樣一來,你就混合了已經養成的缸水及少量新水,不用等到新缸水養成後才將幼魚轉移進養殖缸。事實上,你也完成了兩個缸一次換水過程。要小心餵食的飼料份量;維持低量餵食,直到過濾系統有機會繁殖足夠的益菌來處理廢棄物。幼魚在養殖缸中待的時間長短將根據牠們的成長速度而定,在牠們長到夠大、不會被吃掉前,不要將牠們和其他魚類放在同一個缸中。如果你擁有的幼魚數量過多,將牠們分送給親友或是拿到附近的水族俱樂部或水族商店,請他們協助。

上圖:雌滿魚通常會在水族缸中生產。牠們會尋找一個安靜的地方,通常會靠近水面及植物提供的隱藏之處,這讓牠們的幼魚能有機會逃離成為獵物的命運。

繁殖設置

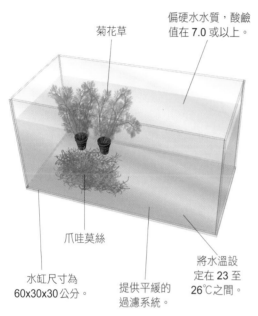

菊花草

偏硬水水質，酸鹼值在 7.0 或以上。

爪哇莫絲

水缸尺寸為 60x30x30公分。

提供平緩的過濾系統。

將水溫設定在 23 至 26℃之間。

雌魚

雄魚

上圖：滿魚（Xiphophorus maculatus）的性別可由臀鰭的差異辨別。雄魚的臀鰭會變成有授精作用的生殖器官。

像槐葉蘋這樣的漂浮植物能為在水面產卵的魚類提供藏匿與產卵的地方。

上圖：為懷孕或產卵魚類準備的液狀幼魚飼料中含有能懸浮在水中的飼料。

繁殖你的魚兒

卵生魚類則比較難處理，雖然有些魚類會在水族缸中產卵，只有少數積極地保護魚卵和幼魚的魚類如慈鯛，才能成功地養大幼魚群。如果可以，最好設置一個滿足魚類需求的養殖缸（細葉植物、產卵束、洞穴、底盤等），並讓魚類在這裡產卵。根據魚兒種類不同（而你需要決定要繁殖什麼魚類），你應該在產卵後，將單方或雙方父母魚移離養殖缸、放回主缸中，或是將牠們留下照護魚卵及幼魚。

維持父母魚的健康很重要，因此在決定要繁殖前，必須先調查好你想養殖的魚類，並餵食正確的食物，將牠們養到適合繁殖的狀況。

餵養卵生魚類的幼魚會遇到許多問題。有時候幼魚過於渺小，只能以纖毛蟲為食 —— 這是一種極小的微生物，必須事先培養。其他稍微大一點的幼魚，則需要吃剛孵出的豐年蝦。這種形況下，你可以購買豐年蝦卵並在食鹽水中孵化。幸好有些幼魚 —— 但不是所有的幼魚 —— 可以吃下細緻的卵胎生幼魚液狀或粉狀飼料。其他幼魚則需要吃綠色食物，像是藻類、冷凍豆或生菜葉。

製作產卵束

1 將尼龍毛線繞過一張紙片或是這本書的短邊，直到繞出三十圈為止，再將多餘的線段剪掉。綠色是較為合適的顏色，因為看起來比較貼近自然。

2 再另外剪下一段約 20 公分長的羊毛，穿過線圈底下，打結綁緊線圈。

3 將紙片或書籍轉到底面，將打結一邊的相反邊線段剪斷。這樣一來，產卵束就完成了。在使用前請用溫水（不要用熱水）沖洗。

4 綁住產卵束的長段羊毛線，能將產卵束綁在軟木塞上，讓它漂浮在水族缸的水面上。

右圖：先將產卵束綁在軟木塞上，再將它們放在水面上，中間維持一定距離。

成功養殖幼魚

無論你要繁殖哪一種魚，乾淨是最重要的條件。若水族缸條件不好，或是魚卵沒有受精，魚卵很快就會發霉，而小魚在骯髒的環境中可能會受到細菌感染。

另外一個失敗的原因是飢餓，不是你沒有在幼魚需要時就準備好飼料，就是你餵食的飼料太大塊，幼魚無法進食。無論你固定放入多少飼料，只要大小不對或在錯誤時間餵食，魚類就會餓肚子。大部分魚類大概都是因為這個原因才死亡的。

上圖：你能直接看到陰陽燕子（Carnegiella strigata）腹中的魚卵逐漸成熟。這種在水面下方棲息的魚類倒影映在水面上。

左圖：為了培養餵食幼魚的纖毛蟲，將稍微煮過的馬鈴薯放進裝了水族缸舊水的小罐中，並將蓋子打開。

右圖：置於溫暖而明亮的位置一週後，罐中水會因為有纖毛蟲產生而開始變得朦朧。只要將一部份水倒回水族缸中就好。

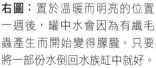

魚類健康照護

儘管很難承認,但水族缸裡一有任何問題,責任都在我們。大部分情況最主要的問題就是我們經常忘記或延遲換水而導致水質惡劣。如此一來,就顯現出紀錄水族缸狀況的優點。找一本筆記本,每當你對水族缸做出改變時就寫下日期和進行的改動,因為你很容易忘記自己做過什麼!你上星期有換水嗎?還是再前一個星期?也紀錄下你的觀察,像是魚類行為模式;一旦有任何異常,就能讓你警覺到潛在問題或情況。這份紀錄讓你能習慣觀察,了解自己該觀察哪些部位,並做出相對反應。

保持良好水質是養魚成功的關鍵。這代表你必須定期換水,並確保過濾系統正常運作。魚類行為可以顯示出水族缸是否有問題;如果牠們游得很靠近水面,可能代表水中含氧量過低。經由過濾器檢查水溫及水流,有必要的話進行調整。要記得,在炎熱夏季的那幾個月,即使調溫鈕自動將加溫器關閉,水溫也仍可能比平常高。在這個時候,進行換水、

右圖:鯰魚依靠牠們敏感的觸鬚來定位及品嚐底沙中的飼料。提供光滑底沙及良好的水質以避免傷害到牠們的觸鬚。

加強過濾器水流速度或加入氣石增加水面換氣都會有所幫助。

另一個常見的問題,則是由同缸魚類相處不來或惡劣水質所造成的壓力。這可能會讓魚兒衰弱,並容易成為疾病的目標。請謹慎選擇一起養殖的魚類。

購買健康魚類

魚類需要長途跋涉才能來到我們的水缸中。牠們可能在遠東區的漁場被養大,被捕捉後運送到轉運中心,被重

左圖:一開始一定要購買健康魚類,像是這隻四間鯽。在商家將你選擇的魚類裝到塑膠袋中後,要仔細檢查。牠們不該有分裂的魚鰓、變形或潰瘍傷口。

新打包後再空運到我們這裡。在抵達後會被載往中盤商，由他們打開包裝並安置休息一段時間，再運往商家進行販售。在此處，牠們再次被打包並運送到賣場，才終於能離開包裝、休息一下，並由商家進行販售。而當我們買下魚類時，又會發生什麼事？牠們將會被再度打包並跟著我們回家。這些過程都可能讓牠們感到有壓力；而且即使在這些過程中我們都盡力呵護，有些魚類還是會生病、甚至死亡。

別驚訝會在附近水族商家中看到隔離缸，上面還寫著「新魚，尚未開始販售」的標誌。這是商家在照顧他們的商品，也代表這是間良心商店。

在購買魚類時，要先確定牠們活動行為正常。舉例來說，魚類游動時魚鰭應該會張開；在底層棲息的魚類則會在底沙中挖掘食物。要避免魚鰭分裂或觸鬚受損的魚類，因為兩者都是魚類可能會受到黴菌或細菌二度感染的徵兆。也避免挑選腹部變形或眼睛凹陷的魚類，牠們的飲食可能不好或是體內有寄生蟲。

隔離策略

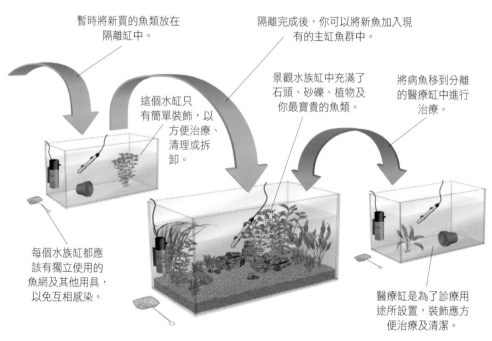

暫時將新買的魚類放在隔離缸中。

隔離完成後，你可以將新魚加入現有的主缸魚群中。

這個水缸只有簡單裝飾，以方便治療、清理或拆卸。

景觀水族缸中充滿了石頭、砂礫、植物及你最寶貴的魚類。

將病魚移到分離的醫療缸中進行治療。

每個水族缸都應該有獨立使用的魚網及其他用具，以免互相感染。

醫療缸是為了診療用途所設置，裝飾應方便治療及清潔。

魚類健康照護

水族缸中會發生的問題絕對不僅止於這幾頁敘述的問題，但這些卻是最有可能碰到的情況。這些問題都很容易處理，只要及早發現就可以──這也是維持水族缸健康的重要關鍵。有些症狀只要換水就能簡單解決，有些則需要藥物治療。在購買藥物之前，要確定你判斷的病狀正確，不要用猜的，因為施放錯誤藥劑無法解決問題。在施放藥劑後也要給予一段時間讓藥效發揮。藥效不是立即的，有些甚至需要幾天時間才能見效。有些藥物也不適合用於某些魚類，因此在購買前要仔細閱讀說明；若有問題，不要吝於詢問。藥物療效會隨著時間降低，有必要時才購買。千萬不要過度施藥，遵循施藥指示，否則會導致嚴重後果。最重要的是，不要混合施用藥物，不然可能會混合出致命藥效。

落到缸底，並形成囊腫。每一顆囊腫內的細胞分裂能產生超過一千個新的寄生蟲。當囊腫破裂，寄生蟲就會爆發出來，尋找新宿主感染。白色斑點還在自由游動階段時能夠有效治療。使用適合的白點蟲藥物來治療整個水族缸，並謹慎遵循施藥指示。

黴菌

當魚體黏液因受傷、環境因素或寄生蟲而受到損害，黴菌就能透過傷口進行二度感染（一隻魚咬傷另一隻魚的魚鰭通常是主要原因）。其外表看起來有如木棉，會在魚體或魚鰭上生長。若是爆發的病況輕微，在水族缸內使用合適的水族缸殺菌劑進行重點治療；情況嚴重的話，則需治療整個水族缸。最重要的是，治療主要病魚。

白點蟲

淡水性白點蟲病是經由寄生蟲感染。你能在宿主身體及魚鰭上出現小型白色斑點的階段發現這些小生物。牠們會在魚類皮膚底下生長，直至成熟。當牠們完全長成後，就會脫離魚體

左圖：典型的白點蟲病況。只要即時使用適當藥物治療整個水族缸，這隻三角燈的病況就會有所改善。

爛鰭

這種病況通常是因為水族缸運作情況沒有維持好。這代表了魚鰭薄膜組織的退化，魚鰭鰭條突出，而魚鰭看起來像潰瘍或發炎。若早期發現，簡單換水跟檢查並恢復過濾系統功能就能改善情況。若是情況更為嚴重，使用水族缸殺菌劑重點治療或進行全缸治療，端視有多少魚類受到影響。

發現爛鰭症狀

魚類的魚鰭邊緣正常來說較為圓滑，雖然有些天生就有圓齒。

在水質惡劣情況下，在鰭條之間的薄膜組織會退化，讓鰭條不正常的突出。

觸鬚退化和磨損

有兩種原因會造成這種情況：惡劣水質和使用尖銳底沙。若你的魚兒擁有觸鬚，水族缸裡又爆發爛鰭症狀，觸鬚很有可能也會退化到斷掉。治療方法則與上述治療爛鰭方式相同。若病因是磨損，唯一的解決方法就是更換底沙。鯰魚和泥鰍纖細的觸鬚可能會被尖銳砂礫劃破，進而受到黴菌或細菌的入侵而二度感染。

魚鰭分裂

若是水族缸內魚類互相撕咬，極有可能造成魚鰭分裂、撕傷，甚至完全破爛。觀察是哪隻魚動挑起紛爭，並將牠移出水缸。如果受害魚類夠健康，魚鰭會自我復原，但要注意是否受到黴菌或細菌二度感染，有必要的話進行治療。

人道處置病魚

在碗中裝一公升缸水，混合十滴丁香油後再加入受到感染的病魚。

在水族缸中加入藥物

左圖：計算正確藥劑份量並完全依照用藥指示進行。用一個容器裝滿缸水，再滴入藥劑。

左圖：仔細混和藥劑和缸水後再倒回水族缸中。預先加水稀釋能避免施藥不均，也避免高濃度的藥滴集中在水缸某處。

定期保養

為了保持水族缸封閉系統中魚類及植物的健康，你需要定期保養——通常一週花費一小時就足夠。你會需要每天進行幾項保養工作，其他則是每兩週進行一次；有些則是每個月進行一次，甚至間隔更久。這些時間表只是大概指標，因為每個水族缸會因為大小不同、過濾系統不同、魚類數量不同而有相異的保養方式。

透過紀錄水族缸內的變化，你很快就能看出水族缸最適合的保養模式。要是有狀況發生的時間有異，你只要看看紀錄、檢查是什麼地方出錯，或許就能找出問題的答案。

確認水溫及魚類健康狀況將成為你經過水族缸時的自然反應。手摸過玻璃缸壁，就能憑「感覺」確認水溫是否正確。觀察魚類行為，你將會學到如何注意到可能導致未來問題的微小差異。

換水

第一項重要保養任務就是換水。換水的目的是為了減少缸中可能產生的硝酸鹽（詳見第 26 頁）。為了進行換水，你需要一個水桶（最好有個獨立水桶專供水族缸使用）、一條透明塑膠水管和虹吸開關。後者讓你在接好

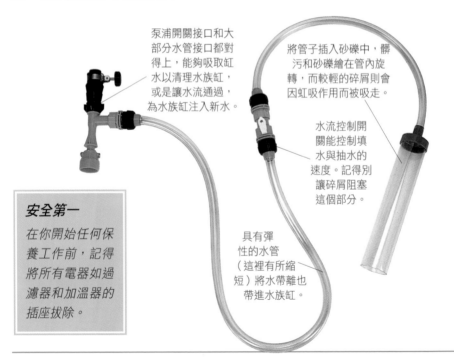

泵浦開關接口和大部分水管接口都對得上，能夠吸取缸水以清理水族缸，或是讓水流通過，為水族缸注入新水。

將管子插入砂礫中，髒污和砂礫繪在管內旋轉，而較輕的碎屑則會因虹吸作用而被吸走。

水流控制開關能控制填水與抽水的速度。記得別讓碎屑阻塞這個部分。

具有彈性的水管（這裡有所縮短）將水帶離也帶進水族缸。

安全第一

在你開始任何保養工作前，記得將所有電器如過濾器和加溫器的插座拔除。

水管後開始抽水時，不會一開始就吸入大量缸水。將水桶放在地上，將水管的一端放入水族缸中開始虹吸。注意不要把魚類吸入，也盡量避免將水灑到你的腳上！當你習慣後，就有辦法在換水的同時，也吸走底沙上的污物（有機碎屑），一次完成兩個任務。抽出 10-20% 的水，將廢水倒掉前，需確認裡面沒有含有任何生物——可別成為第一個把魚和缸水一起倒掉的人！

當水面降低，把植物清理乾淨，並移除枯萎或嚴重損傷的葉片。你也可以用藻類磁鐵或刮除器清理前方玻璃上長出的藻類。

倒入調整好且溫度剛好的新水，重新把水缸添滿。可以虹吸新水回水缸，或是慢慢用水壺倒入缸中。在蓋上冷凝罩和玻璃遮罩前確認兩者是否乾淨，以免阻擋植物吸收的光線。

測試亞硝酸鹽濃度

定期確認亞硝酸鹽濃度是個值得做的保養動作，測試用具也很容易使用。記得使用乾淨而乾燥的小玻璃瓶，以免樣本受到污染。亞硝酸鹽濃度通常會稍微上下浮動，在換水前後也會有所變動。在經歷養成缸水過程中的高峰後，濃度應該極低，但在你清理完過濾器後濃度可能會升高，因為你會將部分益菌沖洗掉，會需要一段時間重建。在這段期間盡量減少餵食的飼料數量，以減輕過濾器的負擔。

上圖：透過虹吸作用，缸水被清理砂礫的寬口水管抽走，同時也帶走碎屑。

上圖：修剪雜亂生長的植物莖部能夠幫助植物生長更為強健，也能讓植物保持整齊。

清理內置過濾器

清理過濾器是養魚時討厭卻又不得不做的事情。過濾器聞起來應該有自然氣味；若是有著腐敗惡臭的氣味，代表過濾器運轉一定有問題。幸好，這種情況只在空氣供給或水流被阻擾幾個小時、讓氧氣無法進入濾材時才會發生。在這個時候，好氧細菌會開始死亡，而厭氧細菌則會開始在濾材上繁殖。因此，過濾器關閉的時間不該超過保養所需的時間。在清理過濾器時，記得使用換水時從水族缸換出的廢水，否則會有殺死濾材上細菌的風險。基於同樣原因，也別使用任何清潔劑。

2 在水盆或水桶上方小心分離馬達和過濾罐。在清理馬達時，可以將過濾罐放在水盆中。

1 小心從置放架上移出內置過濾器，在拿出水族缸的過程中要注意別讓任何碎屑掉回缸中。最好準備一個水盆或水桶來盛放過濾器，以免過濾器一路滴水滴到水槽。

3 清理所有可能卡著髒污的過濾墊和葉輪，並擦淨塑膠罐上的黏液。檢查軸承，有必要時進行更換。

4 將海綿從過濾罐中移除，並放入從水族缸排除的廢水中清洗，以清除碎屑。將其他部分如紗門及隔板拆出，並擦拭乾淨。

實用備用品

請確認你存有下列物品的備用品，並記得在用完備用品後補充。

溫度調節器吸盤

空氣泵浦的隔膜和過濾墊

過濾器的軸承、葉輪和O形環

過濾綿和／或海綿

其他使用的濾材

活性碳

溫度計

撈網

保險絲

電池發電的空氣泵浦和電池（但不要將電池放進泵浦中）

空氣管

氣石

燈管啟動器

5 當你清理完所有零件後，將過濾器重新組合起來並放回水族缸中。啟動電源並確定過濾器正常運轉。

維持水族缸順利運作

有些定期保養工作只需要一年進行兩次，其中一項工作就是替換燈罩內的螢光燈管。即使到時候燈管看似正常運轉，它們釋放的燈光也會減弱，甚至可能影響植物生長。清理燈管、反光板和玻璃遮罩上的灰塵，確認燈管啟動器的頂蓋沒有任何損壞或碎裂；鉛板沒有磨損燈罩；而塑膠安全夾也仍緊緊地夾住燈管。

清理水族缸玻璃壁面的三種方式

1 一小團過濾綿能清除玻璃內部表面的藻類及碎屑。

2 長柄清潔刷的粗糙表面能清掉頑固的髒污。

3 如要使用藻類清潔磁鐵，將磁鐵上清潔材質的那一面朝向水缸內部，並從外面用另一塊磁鐵引領清理方向。

每六至十二個月就替換照明燈管。

每天確認過濾器、空氣泵浦、加溫器和燈光等裝備，確保它們正常運作。

每隔七至十四天清洗水族缸前壁以移除藻類。

定期修剪植物枝葉並重新種植扦插植物。每隔七至十四天移除死亡的植物。

每天檢查魚類情況。

每隔七至十四天就需清除一次底沙中的碎屑。

每隔七至十四天
清理冷凝罩與玻
璃遮罩。

每隔七至十四天
進行部分換水。

每個月清洗過
濾器。

每隔六至十二個
月檢修一次過濾
器馬達。

每天確認水溫。

每天將未吃的食
物移除。

每個月用吸塵器
清理底沙。

例行保養工作時間表

每天

移除未吃的食物

確認水溫

*確認設備（過濾器、空
氣泵浦、燈光）正常運
作*

檢查魚類狀況

每七至十四天

部分換水

移除死亡植物

移除底沙中的碎屑

清理冷凝罩或玻璃遮罩

*清理水族缸前壁上的藻
類*

每個月

清理過濾器

吸塵清理底沙

每六至十二個月

檢修空氣泵浦

檢修過濾器馬達

*更換燈管以確保植物健
康生長*

第三部

魚隻簡介

整個設缸步驟的最終目的是為了養魚，這本書的內容侷限於淡水熱帶魚。也許你已經在附近的水族店家魚缸前看了一陣子，盤算著要飼養哪些魚種，本書此章節挑選多款魚種，說明在哪些飼養條件他們才能在你的缸子健康茁壯。

雖然本章節所提都是熱帶魚種，這並不意謂他們所需水溫相同，即使同為熱帶地區，各棲地類型、不同海拔的水溫各異。流速快的山區溪流水溫低、含氧量高；河川下游流速緩慢，含氧量低。一個湖泊中各區的水溫不同，水不太流動但含氧量極低，水溫特高，甚至會大量蒸發。飼養熱帶魚時，你必須把上述因素都納入考量，確保他們被放在他們喜好的溫度範圍內。

設立一個魚隻之間能保持均衡的混養缸意謂除了考慮單一魚種的需求外，還要考慮不同魚種的兼容性，瞭解魚隻需要多大的空間、他們待在魚缸中哪個區域也非常重要，本章節的魚隻介紹將能提供你上述資訊。

本書按種類將魚隻歸類，但要記得有些「種類」其實橫跨數個在魚類分類學上的不同科別（families）。大多的鯉科（cyprinids）、加拉辛（characins）、胎生鱂（livebearers）與迷鰓魚（anabantids）[1] 都是在水域中層活動的魚種，應成群或成對、一公兩母或兩公一母（trios）飼養。鯰魚（catfishes）[2] 及鰍科（loaches）多屬底棲魚種。另外四個種類，包含鱂魚（killifishes）、彩虹魚（rainbowfishes）、鰕虎（gobies）以及慈鯛（cichlids），他們的需求較為特殊，建議累積六至十二個月的水族經驗後再嘗試。

1 　譯按：即攀鱸科，亦有稱為 anabantoids 者，英文俗名為 labyrinthic fish，labyrinthic 意思是迷宮的，用來形容該類魚隻鰓部上多的特殊器官「迷鰓」。

認識你的魚

在這本書中我們會不斷提到魚鰭以及魚隻其他各部位的名字，本頁圖示可幫你弄清楚那些名詞。如果你不時翻回這頁，很快就會熟悉這些詞彙了。

典型鯉科

（包含魮 barbs[3]、斑馬魚 danios、波魚 rasboras 等）

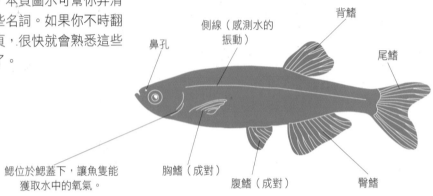

鼻孔

側線（感測水的振動）

背鰭

尾鰭

鰓位於鰓蓋下，讓魚隻能獲取水中的氧氣。

胸鰭（成對）

腹鰭（成對）

臀鰭

典型胎生鱂公魚

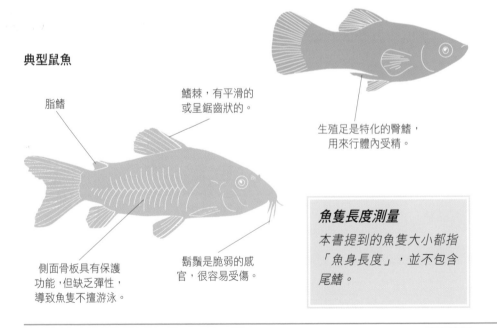

生殖足是特化的臀鰭，用來行體內受精。

典型鼠魚

脂鰭

鰭棘，有平滑的或呈鋸齒狀的。

側面骨板具有保護功能，但缺乏彈性，導致魚隻不擅游泳。

髭鬚是脆弱的感官，很容易受傷。

魚隻長度測量

本書提到的魚隻大小都指「魚身長度」，並不包含尾鰭。

3　譯按：書內有多款本來被歸類為魮魚，但後來被重新歸類到其他屬別的鯉科魚，例如紅黑寶石鯽、紫紅雨點鯽、棋盤鯽等。

魚缸分層

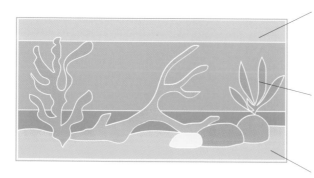

深度約 5 公分的上層水域是那些在表層游動、覓食的魚隻的家，這類魚例如陰陽燕子。

中層水域佔魚缸最大的區域，你會在此發現群游魚種，例如日光燈，以及其他中層水域的魚種。

魚種如鯰魚、鰍科在魚缸底層感覺最自在。

缸中魚隻數量

魚缸底面積是決定魚缸能養多少魚的主要因素。飼養一隻身長（別忘了這不包含尾鰭）2.5 公分的淡水熱帶魚需要 75 平方公分的底面積，換言之，一個 60×30 公分的魚缸擁有 1800 平方公分的表面積，可以飼養身長加總為 60 公分的熱帶魚。[4] 挑選魚隻時記得要把牠們成長後的體型考慮進去。

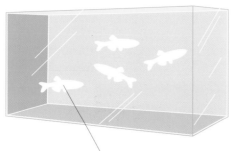

這個 60×30 公分的魚缸裡有四條魚，每一條身長 15 公分，加總共為 60 公分，達到該魚缸的飼養量上限。

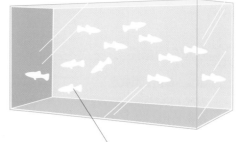

這個 60×30 公分的魚缸裡有十二條魚，每一條身長 5 公分，總共為 60 公分，達到該魚缸的飼養量上限。

4 譯按：此計算方式適用於淡水「小型魚」，不意謂 60×30 公分的魚缸可以養一隻 60 公分的魚喔。

玫瑰鯽 • *Barbus*[5] *conchonius*

玫瑰鯽是強健的魚種，非常適合新手飼養。牠不挑剔水質（只要別太熱），餵食上來者不拒，從藻類、水草到薄片、錠狀飼料以及活餌。玫瑰鯽性情溫和，兼容其他魚種，即使跟相同體型魮屬親戚也能相處融洽。牠們會不斷地游動，所以種植水草時要保留一定空間給牠們。

　　年輕個體的顏色是帶點銀白的金色，不像成體那般鮮豔，直到公魚開始成熟才展現出紅色色調，母魚則變為很深的金色。為了確保能湊到兩種性別，建議一次買五或六隻年輕個體，或者挑已成熟的對魚。假如你想看到牠們最漂亮的模樣，一定要兩種性別都養，這樣才能看到公魚向母魚展示自己的誇示動作（display）。

其他型態

有長鰭型的玫瑰鯽（大帆玫瑰鯽）在市場流通，不過牠的要求比較高，須將水溫控制在範圍的上限，水質必須維持良好，別忽略定期換水。

▶ 理想飼養條件

水質：微酸、微軟水
溫度：18-23℃
食物：小型水生無脊椎動物，例如水蚤、孑孓或紅蟲，活的或冷凍的皆可。薄片飼料、綠色植物。
最低飼養量：兩隻
最小魚缸規格：至少 60 公分
活動範圍：底部、中層與頂層

左圖：對魚會脫離魚群，並在混養缸中產卵。只是混養環境中的其他「室友」通常將魚卵視為免費餐點。

5　譯按：原文書寫成時將 82 到 95 頁的魚隻都劃為 Barbus 屬，但之後這些魚種在學術上的分類有很大的變動，中文本已經將舊屬名更新為當前學術上使用之新屬名，唯魚種編排順序仍從原文。

體長：公、母魚皆為 15 公分

▶ 產地

印度北部阿薩姆邦（Assam）及孟加拉（Bengal）的溪流、河川與池塘。

玫瑰鯽英文俗名為 Rosy barb（玫瑰紅色的鯥魚），此名得自魚隻成熟後展現出鮮豔體色。

大帆玫瑰鯽

（*Barbus conchonius*）

此人工培育的變種體長可達 15 公分，擁有拉長的魚鰭，這些魚鰭很容易成為其他魚隻攻擊的目標。注意尾鰭前帶金邊的黑點，非常特殊。

大帆玫瑰鯽母魚

大帆玫瑰鯽公魚

▶ 繁殖

玫瑰鯽採撒卵型（egg-scattering）繁殖方式 [6]，將卵撒在水草茂密處。牠們一次產出數百顆卵，由於親魚會吃自己的卵，所以一旦產完卵就要將親魚移開。魚卵孵化時間大約三十小時，仔魚食量大，可投餵磨碎的食物。

---

6 譯按：撒卵（egg-scattering）的魚隻不會到特定的地方產卵，也不會有顧小魚的行為，產卵常發生在水域中層。

紅黑寶石鯽 • *Pethia nigrofasciatus*[7]

紅黑寶石鯽的名字有誤導之嫌，因為只有公魚才會展現深紅體色。英文俗名除了 Ruby barb（紅寶石魮）外，亦有稱之為 Black ruby barb（黑色紅寶石魮）、Purple-headed barb（紫頭魮），由此可見這款魚的顏色差異很大。紅黑寶石鯽的最佳體色出現在公魚發情、準備繁殖之際，所以建議飼養一群時要有公有母。

你可以將這群活潑的群居性小魚跟其他身上有縱向條紋的小型魮魚群混養。紅黑寶石鯽沒有惡習，頂多啃啃水草，並不會騷擾其他魚。為牠們準備充分的空曠水域供其活動，使用葉子較大的水草營造出有遮蔽、昏暗的區域，讓牠們能在裡面休息。

▶ 繁殖

紅黑寶石鯽採撒卵型繁殖，親魚具食卵性，所以產卵後須將親魚移開。卵將在二十四小時內孵化，仔魚吃小型活餌。

繁殖調養

這隻魚受益於冬季的低溫狀態，此時水溫大約降至攝氏 20 到 22 度，這種溫度可以讓牠們維持很好的體態，特別適合預備繁殖，然後再把溫度調升到夏季的高水溫範圍，透過溫度震盪來刺激交配。在施行前要先確定缸中其他魚種能否應付這種溫度變化。雖然恆溫飼養不會讓紅黑寶石鯽感覺不適，但牠們不大在恆溫環境繁殖。

---

7 譯按：紅黑寶石鯽又名鑽石黑三間、黑鑽石鯽、黑條無鬚魮。

▶ **產地**

斯里蘭卡山區中流動緩慢的小溪。

▶ **理想飼養條件**

水質：微酸到中性、軟水到微硬

溫度：20-26℃

食物：小型水生無脊椎動物，例如水蚤、孑孓或紅蟲，活的或冷凍的皆可。薄片飼料。提供綠色植物諸如豌豆、萵苣可以降低魚隻啃食水草的機會。

最低飼養量：四隻

最小魚缸規格：至少 60 公分

活動範圍：底部、中層與頂層

紫紅兩點鯽

（*Dawkinsia filamentosa*）

紫紅兩點鯽成體可達 15 公分，非常活潑，整個缸子常常都是牠的身影，如果擔心另一款四間鯽（*Puntius tetrazona*）可能在缸中搗蛋、騷擾其他魚隻的話，紫紅兩點鯽是可以考慮的替代方案。亞成魚金色的身上有兩條縱向條紋，背鰭及尾鰭上下葉有鮮紅色亮彩。隨著魚隻成熟，身體中段的黑色條紋會消失，不過靠近尾鰭的黑點會留下來。除了觀察兩條黑色縱向條紋變化外，年輕魚隻逐漸成熟時的體色變化也會讓你看得興致盎然。紫紅兩點鯽性情溫和，來自印度與斯里蘭卡，喜好略微偏酸的水質，不過你附近的水族店家應該已經讓這些魚適應了當地的水質了。一次飼養六隻以上牠們會有更好的表現。餵食漂浮型飼料。

紅翼棋盤鯽 • *Oliotius oligolepis*[8]

這隻小型魚非常適合水族新手，因為牠們十分好養。一次最好飼養六隻以上，這款魚偏好成群的環境，此數量也較能保證有公有母。公魚間偶爾輕微追逐，但不致受傷，牠們只是藉此在魚群中排出地位高低，並吸引母魚交配，這也是為何追逐多發生在同類魚種間，很少以其他魚種為目標。紅翼棋盤鯽喜歡有足夠的空間游動，所以可以把水草種植在兩側或魚缸背側。只要能塞入嘴巴的牠們來者不拒，建議提供牠們多樣化的餌料。這款魚成長速度快，六個月內即可達性成熟。

體色

想要看到魚身上的虹彩光澤，你必須提供牠軟質藻類、萵苣、豌豆這類綠色植物，一週餵食一次活餌或冷凍餌料也會有幫助，尤其對繁殖而言。

當魚隻成熟，公魚展現出更鮮豔的體色，魚鰭周邊黑緣也變得明顯。

母魚魚鰭呈螢光黃，周圍缺乏公魚的黑色邊緣

---

8 譯按：紅翼棋盤鯽又名血紅棋盤鯽、寡鱗無鬚魮，中國大陸稱之為捆邊魚、七星燈魚。

體長：公、母魚皆為 9 公分

▶產地

大部分印尼的
溪流與河川。

▶理想飼養條件

水質：微酸、微軟水
溫度：18-23℃
食物：小型水生無脊椎動物，
例如水蚤、孑孓或紅蟲，活的
或冷凍的皆可。薄片飼料、綠
色植物
最低飼養量：六隻
最小魚缸規格：至少 60 公分
活動範圍：底部、中層

五線鯽

（*Striuntius lineatus*[9]）

五線鯽公魚體型較為細長、線條顏色
深，體長 12 公分；母魚的線條較不明
顯、抱卵時體型更顯圓胖。牠們很容易
就在水草茂密處繁殖，一次繁殖卵量數
以千計（有關這類鲃魚繁殖的更多資訊
請見 94-95 頁）。

母魚的線條
不明顯

公魚的條紋較
為醒目

9　譯按：S. lineatus 被稱為五線鯽，國內還有一款被取名為四線鯽 Neohomaloptera johorensis，但最
好辨別牠們的方式並不是看魚身有幾條線，而是五線鯽的口部是無鬚或僅一對鬚，四線鯽則有兩對
鬚。至於線條數目反而常因表現而有差異，有時線條不明顯，並非五線鯽身上一定看得到五條線。

五間鯽 • *Desmopuntius pentazona*

以往五間鯽不屬於常被推薦給新手飼養的魚種，但隨著今日進口的五間鯽多為人工養大，已經非常適應魚缸環境，即使經驗不多的水族新手亦可嘗試飼養牠們。五間鯽生性害羞，藉由密植水草，讓牠們感覺威脅時有地方躲藏，可以增加魚隻露臉機會。

　　就像大部分的魬魚，牠們偏好有同類相伴，但也可以跟其他性情溫和的魚種混養。只要能維持溫度在牠們適合水溫的上限以內，並提供多元餌料（活餌、冷凍餌料），五間鯽養起來並不難。牠們有著拒食薄片飼料的惡名，若為人工養大個體，馴餌問題會小一些。牠們很難在人工環境繁殖，幼魚也非常難帶。

下圖：公魚與母魚外觀十分類似，然而，當魚隻完全成熟時，牠們是能夠被分辨出來的。公魚比較苗條，體色亦較為鮮豔。

體長：公、母魚皆為 5 公分

▶ 產地

東南亞：馬來半島（Malay Peninsula）、新加坡與婆羅洲（Borneo）。

▶ 理想飼養條件

水質： 微酸到中性、軟水到微硬
溫度： 22-26℃
食物： 小型水生無脊椎動物，例如水蚤、孑子或紅蟲，活的或冷凍的皆可。薄片飼料、綠色植物
最低飼養量： 四隻
最小魚缸規格： 至少 60 公分
活動範圍： 中層

大帆熊貓鯽 [10]

（*Puntius arulius*）

大帆熊貓鯽來自印度，是群居性魚種，偏好被成群飼養，加上牠們成體最大可長至 12 公分，屬於較大的鮕魚，鑑於此，牠們適合被養在較大的混養缸中。大帆熊貓鯽性情溫和，可以跟所有的魚隻混養，除非對方是太小的魚種。公魚的背鰭鰭條大幅延伸，使牠們誇示時顯得更為可觀。當魚隻成熟，背部成長為紫藍色，魚身出現縱向黑線作為魚隻的保護色。如果牠們不滿意魚缸環境，背部的紫藍色會褪為灰色。這款強健而粗壯的魚種很容易在缸中繁殖，不挑嘴，連缸中質地較軟的水草牠們也會吃！活跳跳的蟲餌自然非常受牠們歡迎。

當魚隻成熟，身上的紫色會更明顯。

10　譯按：國內另稱牠為長鰭無鬚鮕，香港稱三線䰾、長鰭熊貓䰾。

四間鯽 • *Puntius tetrazona*

四間鯽因為欺負弱小魚種以及食鰭習性（fin-nipper）而惡名昭彰，不過，若能瞭解這些具高度觀賞性魚種的需求，那些飼養牠們時常見的災難景象是可以被預防的。最須謹記在心的要項：成群飼養這款魚，至少八隻起跳。此時牠們會建立起社會階層（啄序 pecking order）[11]，並遠離異常、生病的個體，成群飼養時，四間鯽會忙著維護自己的社會階層，而無暇去啃咬魚鰭或騷擾同缸其他魚隻。挑選同缸混養的魚種要特別留意，避免挑選泳速緩慢或拖長魚鰭的魚種，包括孔雀、神仙魚、泰國鬥魚以及各種麗麗魚。市面上有幾款顏色不同的四間鯽流通：白化、紅型、綠型，共通處是大多保有食鰭等糟糕習性。

成熟公魚身型較為纖細，顏色則更濃。

▶ 理想飼養條件

水質：微酸到中性、軟水到微硬
溫度：20-26℃
食物：小型水生無脊椎動物，例如水蚤、孑孓或紅蟲，活的或冷凍的皆可。薄片飼料、綠色植物
最低飼養量：八隻
最小魚缸規格：至少 60 公分
活動範圍：中層

不同品種的四間鯽仍保留縱向條紋，只不過條紋顏色不一定是黑色。

黑暗中的閃亮之星

一些水族愛好者鍾愛四間鯽，以至於會為了牠們特別開闢一缸。四間鯽在鋪設黑色底砂（如黑膽石）的魚缸中看起來超亮眼！

---

11 譯按：指動物透過鬥爭建立起社會階層，決定地位次序，包含進食先後順序等。

體長：公、母魚皆為 7 公分

▶ 產地

印尼蘇門答臘（Sumatra）
以及婆羅洲。

金四間

（*Puntius tetrazona*）

牠們其實不是白子，而是一種被稱為
「白變」（*leucistic*）的型態，眼睛仍
為黑色。[12] 因為某些原因，金四間不像
原始四間鯽具有高攻擊性。

橘色魚側上的
縱向條紋顏色
變得非常淺。

深色魚身配上
紅色腹鰭，對
比強烈。

綠四間

（*Puntius tetrazona*）

綠四間是經過人工改良的水族品系，其
綠色色調來自原始四間鯽的魚身上
半部，而後經人擇篩選培育，
現在綠色範圍已可延伸至
整個魚身側面，不過你
仍可從牠身上看出原
始四間鯽的痕跡。
綠四間會跟四
間鯽、金四
間群游，
且願意與
牠們交配。

---

12 譯按：白子（albinos）因為缺乏黑色素，所以眼睛會是紅色；白變則是缺乏所有類
型的色素。

鑽石彩虹鯽•*Pethia ticto*

逛水族店家時很容易忽略這隻魚，因為鑽石彩虹鯽要一直養到成熟，才會展現牠們最美麗的體色；即使完全成熟，想在繁殖期以外的時間辨別公母仍非易事（母魚背鰭較常缺乏黑點，成熟公魚體型較為纖細，背鰭邊緣帶黑點，紅帶橫貫身體）。即使如此，這隻魚還是很值得嘗試，牠們可能是小型魮魚中最適合養在混養缸的選擇，如果設有充分無遮蔽空間，牠們能很快適應環境並與其他小型魚群游。

　　餵食牠們大量冷凍餌料，例如紅蟲，或其他你能買到的活餌，薄片飼料亦可，多樣化食物有助於牠們的健康與發色。

就像任何活潑魚種，若碰撞缸內的尖銳物體，魮魚很容易掉鱗。

▶ 理想飼養條件

水質：微酸到中性、軟水到微硬
溫度：18-23℃
食物：小型水生無脊椎動物，例如水蚤、孑子或紅蟲，活的或冷凍的等皆可。薄片飼料、綠色植物
最低飼養量：四隻
最小魚缸規格：至少 60 公分
活動範圍：底層、中層與上層

體長：公、母魚皆為 7.5 公分

▶ 產地

印度及斯里蘭卡到喜馬拉雅山的河川與溪流。

條紋小䰾

（*Barbodes semifasciolatus*[13]）

這款體色呈橄欖綠的品種來自中國東南部，他們在水草濃密的環境顯得更自在，於缸中放置幾株椒草即可有此效果。他們性情溫和，混養缸中最好一次飼養五到六隻。成魚最大體長為 10 公分。

斯里蘭卡兩點鯽

（*Puntius cumingii*）

這款活潑、性情溫和的魚種以小群飼養時表現最好，喜歡有大量的游動空間。鱗片特殊花紋，在魚身排列形成網紋狀，這款魚有著亮紅色背鰭與腹鰭，魚身側面兩個眼斑能赫阻原生環境中的掠食者。他們來自斯里蘭卡，由於屬體型較小的魚種，適合任何體積的魚缸。成魚最大體長為 5 公分。

▶ 繁殖

溫暖的水能刺激鑽石彩虹鯽繁殖，一隻公魚會跟幾隻母魚交配，卵被撒在植物上，二十四到三十六小時內孵化，仔魚會吃微小的食物。

13　譯按：國內亦有稱之為條紋二鬚䰾者，香港稱為七星魚。

櫻桃鯽 [14] • *Puntius titteya*

櫻桃鯽是群居型魚種，非常受歡迎的混養缸選擇，因為公魚深紅色外貌而得名；相較下，母魚則呈淺棕色，一條深棕色線條從魚吻穿過眼睛，延魚身直至尾柄。因為大量水族商業貿易，櫻桃鯽的野外族群已面臨危機。

櫻桃鯽性情非常平和，牠們有時成群游在一起，有時卻又各游各的到水草間休息，這是牠們的自然習性。亞成魚幾乎沒有成魚的體色，但給予大量冷凍餌料、活餌，輔以薄片飼料（含豐富螺旋藻者有助體色）以及一些植物，牠們很快就可發育為成魚。

櫻桃鯽能迅速適應混養缸環境，若經好好餵食，牠們成長速度飛快。

14　譯按：國內水族店家喜歡稱之為櫻桃燈，近年出現人工培育的大帆款。

體長：公、母魚皆為 5 公分

▶ 產地

斯里蘭卡低地的溪流與河川遮蔭處。

上圖：一隻抱卵的櫻桃鯽母魚正準備與體色鮮豔的公魚在水草濃密處交配。

▶ 理想飼養條件

水質：微酸到中性、軟水到微硬
溫度：23-26℃
食物：小型水生無脊椎動物，例如水蚤、孑子或紅蟲，活的或冷凍的等皆可。薄片飼料、綠色植物
最低飼養量：四隻
最小魚缸規格：至少 45 公分
活動範圍：底層、中層與上層

性別差異

當魚隻成熟，公魚幾乎整身都展現漂亮鮮豔的腥紅色。

▶ 繁殖

對魚在繁殖時會游過細葉型葉子的水草上方，每經過一次產下一至三顆卵。卵藉由一根細微絲狀物黏附在水草上。櫻桃鯽一次能產下多達三百顆卵，不過須留意親魚具食卵性。極小的仔魚將在二十四小時後孵化，以微小活餌為食。

繁殖缸設置

細葉型的盆草

將魚缸放在能照到清晨陽光的位置。

乾淨、微酸的水質，水溫介於 26 到 27 度。

電光斑馬•*Danio albolineatus*

這款非常活潑的小魚偏好長型的魚缸，這樣牠們可向著和緩水流游動。在魚缸兩側與背側種植水草，保留中間區域供電光斑馬游動。牠們是性情溫和的魚種，能與其他小型、溫馴的魚種混養，例如幾種波魚、其他斑馬與幾種小型鮠魚。電光斑馬的飼養難度不高，只要你記得定期換水；一旦疏於換水、水質惡化，牠們活動力會降低並躲藏，甚至拒食。一般而言，電光斑馬對薄片、活餌、冷凍與乾燥餌料來者不拒，多樣化食物有助於使牠們展現精緻的體色。這是一款非常適合入門者的魚種。

▶ 繁殖

所有斑馬魚的繁殖都採取撒卵於植物上的方式。用深度約 10 至 15 公分、溫暖而乾淨的水，放入一公二母，牠們將在細葉型的水草上交配。產卵後將親魚移出，因為牠們具食卵性。魚卵孵化會花上四十八小時，餵食仔魚細小的活餌。

母魚體型較公魚圓潤。

當水質不佳時，纖細的觸鬚很快就會惡化消失。

體長：公、母魚皆為 6 公分

▶產地

東南亞的溪流與河川，包含：緬甸、馬來半島以及蘇門答臘。

▶理想飼養條件

水質：微酸到中性、軟水到微硬
溫度：20-25℃
食物：小型水生無脊椎動物，例如水蚤、孑子或紅蟲，活的或冷凍的皆可。薄片飼料、綠色植物
最低飼養量：四隻
最小魚缸規格：至少 60 公分
活動範圍：中層到上層

金色型電光斑馬

（*Danio albolineatus*[15]）

下圖即為從電光斑馬中變異的金色個體。跟電光斑馬一起被飼養一大群時表現最佳，剛好電光斑馬既便宜又強壯。在群體中，公魚和母魚都能夠展現最佳體色。

　　金色型電光斑馬主要魅力來自體側不斷變化的柔和色調，尤其光源從魚缸正面打去時表現得最美，若光源來自上方，魚隻顏色變化就不會那麼有戲劇性了。

被培育出來的金色型電光斑馬缺少野生魚的藍色色調，但魚鰭有漂亮的橘色色帶做為補償。

15　譯按：國內有少數人稱之為女王電光斑馬。

斑馬魚 • *Danio rerio*

看到成熟健康個體展現沿著魚身的深藍與金色線條時，就不難瞭解為何命名者會選擇用「斑馬」做為這款魚的名字。斑馬魚在水族館人氣超高，變種的白子與大帆斑馬也已經在市面流通，不過別妄想能在店家中看到牠們發色的模樣，因為年輕個體體色通常較淡。投餵多樣化的飼料，包含活餌、冷凍餌料，年輕斑馬魚很快就能長成優質成體。斑馬魚群會在缸中不斷游動，跟有類似習性的魚種相處融洽。

　　想分辨年輕個體的性別並不容易，成熟公魚體色更為鮮豔，體型較母魚細長。通常一次養四隻應能至少扣成一對，若想提高機率，那就買個六隻吧！斑馬魚是水族新手的完美選擇，也往往是水族玩家開始挑戰繁殖時最先成功的魚種。

　　給予斑馬魚充分游動空間，種植茂密水草，一旦斑馬魚需要，水草就能做為藏身處。

▶ 理想飼養條件

水質：微酸到中性、軟水到微硬
溫度：18-24℃
食物：小型水生無脊椎動物，例如水蚤、孑孓或紅蟲，活的或冷凍的皆可。薄片飼料、綠色植物與藻類。
最低飼養量：四隻
最小魚缸規格：至少 60 公分
活動範圍：中層到上層

若魚隻狀況好，其體側線條是不會中斷的。

體長：公、母魚皆為 6 公分

下圖：雖然外表不同，但上方的豹紋斑馬魚與一般斑馬魚實為同種，公母辨別方式也相同。

▶ 產地

印度東部的加爾各答（Calcutta）到默蘇利珀德姆（Masulipatam）。

▶ 繁殖

斑馬魚十分好繁殖，若魚隻能從魚群中自行配對並經充分餵食，即可進入準備繁殖狀態。添加冷水到魚缸中能刺激處於繁殖狀態的魚隻交配，一對成熟斑馬魚可在水草上撒出多達五百顆魚卵。卵約四十八小時內孵化，可餵食市售幼魚飼料以及微小活餌。

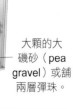

細葉型水草及柔和打氣。

控制溫度在 23-26 度。

繁殖缸設置

魚缸大小 60×30×30公分。

大顆的大磯砂（pea gravel）或舖兩層彈珠。

大斑馬•*Devario aequipinnatus*

大斑馬總是到處游動，彷彿無須休息一般。牠對其他魚隻兼容度高，但千萬別把牠和會騷擾他魚或具攻擊性的魚種放在一起，例如部分較大的彩虹魚會與之爭奪同一塊游動空間。把水草移到魚缸背側及兩側，並放置一、兩顆大葉水草（例如皇冠草）任葉子成長至水面，大斑馬將在葉間睡覺，頂水大葉水草也能降低這款高活動力魚種的跳缸機會。

繁殖

公魚比母魚細長，大斑馬撒卵到植物上的動作會持續一段時間，對魚游在一起每次產下八至十顆卵，動作會持續到母魚排完魚卵為止，此時一對完全成熟的親魚可能已產下多達三百顆魚卵了。把交配完畢的親魚移開，卵將於三十六小時內孵化，仔魚以小型活餌為食。

安全至上

大斑馬需要空間充分且安寧的魚缸環境，牠十分容易受到驚嚇，受驚後會藉由快速跳出水面來躲避潛在危險，因此記得將魚缸加蓋。

魚隻的體色與花紋因種魚品質而異，這是我們難以控制的部分。

理想飼養條件

水質：微酸到中性、軟水到微硬
溫度：22-24℃
食物：小型水生無脊椎動物，例如水蚤、孑子或紅蟲，活的或冷凍的皆可。薄片飼料與綠色植物。務必提供多樣化餌料
最低飼養量：四隻
最小魚缸規格：至少 75 公分
活動範圍：中層到上層

體長：公、母魚皆為 10 公分

▶ 產地

印度與斯里蘭卡西部沿海的溪流與池塘。

黃金大斑馬

（*Devario aequipinnatus*）

活潑的黃金大斑馬缺乏一般大斑馬的藍色色調，其體色是人擇培育後的結果，牠們也可長至 10 公分。

黃金大斑馬和孟加拉大斑馬（D. devario）[16] 都適合空間較大、有種植水草的缸子，喜歡流動而非靜止的水，故可加強打氣營造水流。

這些屬於上層水域的鯉科魚能替魚缸增添活力，修長身型顯示牠們是敏捷游泳者，這讓牠們在山間激流像在叢林緩流一般自在。口內無牙，牠們利用喉嚨內的「齒」來磨碎食物。[17]

公魚（如本圖所示）中央的藍帶一直延伸到尾鰭上，母魚的藍帶則斜斜往上。

黃金大斑馬在魚缸燈光下閃閃動人。

16　譯按：孟加拉大斑馬英文俗名為 Bengal danio，國內亦有稱之為白翅大斑馬者。
17　譯按：這個位在咽喉內用來磨碎食物的器官被稱為「咽喉齒」（Pharyngeal teeth）

白雲山 • *Tanichthys albonubes*

這隻顏色繽紛的小魚常因體型迷你而被忽略，然而，若你擁有的空間只夠養一個小缸，那麼白雲山會是這小缸子魚種清單的首選。白雲山禁不起長時間高溫，溫度是飼養這款魚的關鍵。

　　白雲山喜好密植水草的環境，以水草為躲藏處。牠們也喜好有同種的陪伴，所以務必一次飼養六隻以上。若上述兩項條件無法被滿足，魚隻會變得十分膽小或瑟縮在角落鬱鬱寡歡，此時即使體色漂亮也變得無足輕重了。

其他型態

大帆白雲山已在市面流通，但其飼養難度較高，牠需要更暖一點的魚缸環境，否則容易細菌感染。

公魚如圖所示，體色更為鮮豔，體型較為纖細；母魚則較為圓潤。

左圖：即使飼養在混養缸，白雲山仍會進入繁殖狀態。如果幸運，可以看到公魚求歡並與肚子非常圓潤的母魚（如圖所示）交配的景象。

體長：公、母魚皆為 4 公分

▶產地

位於中國南部，
廣州白雲山的溪
流中。

白雲山的繁殖

公魚對選中的母魚張大魚鰭、在周
圍繞圈來展開追求，直到對魚一起
游到一堆細葉水草上排出卵子與精
子。魚卵將在三十六小時後孵化，
仔魚須以極為細小的活餌餵食。白
雲山在涼爽的環境非常容易繁殖，
一些水族玩家在有溫暖陽光的夏季
將牠們置於戶外 [18]，他們發現白雲
山會很快地在長滿植物的池子與桶
子裡繁殖。

▶理想飼養條件

水質：中性、軟水到微硬
溫度：18-23℃
食物：小型水生無脊椎動物，例如水蚤、
孑子或紅蟲，活的或冷凍的皆可。薄片飼
料。建議提供多樣化餌料
最低飼養量：六隻
最小魚缸規格：45 公分
活動範圍：中層到上層

上圖：隨魚缸燈光開啟，白雲山的美麗
將馬上展現。

18　譯按：此為外國書籍，故戶外溫度與月份不見得能套用在台灣。台灣夏季烈日下的
戶外水溫會高達 30 度，春末或秋末可能較適合戶外繁殖法。

三角燈 • *Trigonostigma heteromorpha*

在魚缸中布置一塊區域種植水草、另一塊保持空曠開放，如此一來三角燈不但有空間可以游動，也有較為安靜、植物下方光線微弱的區域供其睡眠。三角燈喜歡有同類作陪，但也會跟其他波魚及斑馬魚成群結伴。多數新手希望馬上能把這款非常受歡迎的魚種放入魚缸，但耐心才是關鍵！確認缸子已經穩定，你對換水、過濾器清理、餵食等都已經逐漸上手，待累積六到九個月經驗後再開始飼養三角燈，否則牠們將很快在缸中消逝。多樣化的餵食，包含冷凍餌料，甚至活餌，可以讓魚隻變得更為強壯，體色亦更為鮮豔。定期換水是維持牠們健康的基本條件。

下圖：這是一隻典型的三角燈母魚，擁有比公魚更寬厚的身型。身上有大膽搶眼的圖案與色彩斑斕的魚鰭，三角燈是家庭混養缸中讓人驚艷的一隅。

體長：公、母魚皆為 4.5 公分

▶ 產地

東南亞：馬來半島以及蘇門答臘東北部。

左圖：三角燈為了將卵產在寬葉型水草背面而呈倒立姿勢

▶ 理想飼養條件

水質：微酸到中性、軟水到微硬

溫度：22-25℃

食物：小型水生無脊椎動物，例如水蚤、孑子或紅蟲，活的或冷凍的皆可。薄片飼料。

最低飼養量：八隻

最小魚缸規格：45 公分

活動範圍：中層到上層

三角燈的繁殖

在深夜將調養得宜的成熟公魚跟較年輕、肚子圓鼓的母魚放入魚缸。公魚在看中意的母魚前舞動魚鰭，展開追求。配成的對魚在缸中一起游動，最終移往適合的水草下方，對魚會採倒立姿勢將幾顆卵產在葉背，然後牠們會游開，求偶一陣後游回水草下方再次產卵（通常在同樣的地方），每次產卵約四十顆。需將交配完的親魚移出繁殖缸，魚卵在隔天孵化，仔魚在第三天開始能自由游動。以滴蟲（*infusoria*）或液體幼魚飼料餵食，一週後可開始投餵豐年蝦幼蟲。三角燈幼魚成長迅速，僅三個月即可長至 *2.5* 公分。

在公魚身上三角前緣是斜線。

深色圖案的前緣在母魚身上是直線。

一線長虹燈 • *Trigonopoma pauciperforata*

因為缺乏顏色，一線長虹燈很容易在店家的缸子中被忽視，這款活潑的小型波魚下缸後很快就可以適應，若餵食多樣化的餌料，其體側紅線很快就會變得十分搶眼。屬於性情溫和的群居魚種，一次飼養超過四隻牠們會比較有安全感，很樂意跟差不多體型、中層水域游動的魚種作伴。

定期換水是飼養一線長虹燈的必要條件，不然牠們很容易生病。若你發現牠們缺乏生氣地縮在角落或躲在水草中，體色褪去、縮鰭夾尾，這就是魚缸環境出現潛在問題的徵兆，此時須馬上採取措施，有時只是簡單換水就可以矯正魚缸狀況，魚隻也將不藥而癒。

▶ **理想飼養條件**

水質：微酸到中性、軟水到微硬
溫度：23-25℃
食物：小型水生無脊椎動物，例如水蚤、孑子或紅蟲，活的或冷凍的皆可。薄片飼料。一線長虹也喜歡啃食軟質藻類與萵苣。
最低飼養量：四隻
最小魚缸規格：60 公分
活動範圍：中層到上層

一線長虹喜食小型活餌。

▶ **產地**

東南亞：馬來
西亞西部與蘇
門答臘。

紅尾金線燈

（*Rasbora borapetensis*）

這款來自泰國東南部的小型群居性魚種
偏好有空曠區域的魚缸，喜歡跟相似魚
種，例如斑馬魚一起生活。在魚缸兩側
與背側種植水草，正面則擺放生長緩慢
的草種，紅尾金線燈將愉悅地在水草間
穿梭，與其他魚隻游在一起。欲分辨此
款魚的性別並不容易，尤其是亞成魚，
不過由於你將一次飼養一群，所以裡
面出現至少一對的機率很高。當魚隻成
熟，公魚纖細的體型、母魚的大肚子會
更容易辨認。以冷凍水蚤以及紅蟲作為
食物有助於維持魚隻身上的漂亮光澤。

▶ **繁殖**

公魚一般較母
魚來得細長。
一線長虹燈以繁殖困難
而聞名，牠們在擇偶上
十分挑剔。若你能幸運
擁有配成對的魚隻，牠
們會在細葉型水草間產
卵，卵大約於二十四小
時後孵化，仔魚須以非
常細小的餌料飼養。

黑尾剪刀 • *Rasbora trilineata*

黑尾剪刀屬體型較大的波魚，記得把牠們養在長型魚缸並保留大量的游動空間。在魚缸背側與兩側放置水草讓牠們在受驚時躲藏，這也有助於抑制跳缸衝動。黑尾剪刀喜好水流和緩的魚缸環境，牠們會逆流游動。定期換水是必須的。

　　黑尾剪刀在餵食上完全不挑，牠們接受水面的薄片飼料，有時為了搶食甚至會躍出水面。謹記多樣化的食物能讓魚隻更健康的守則，務必提供各種餌料交換餵食，例如冷凍紅蟲或活餌。

　　若環境不對，像是溫度急遽變化或與不適當的魚隻混養而致緊迫，黑尾剪刀很容易得到白點病。別把牠們跟會騷擾他魚的較大魚種養在一起。

▶ 理想飼養條件

水質：微酸到中性、軟水到微硬
溫度：23-25℃
食物：小型水生無脊椎動物，例如水蚤、孑孓或紅蟲，活的或冷凍的皆可。薄片飼料。
最低飼養量：四隻
最小魚缸規格：60 公分
活動範圍：中層到上層

安全至上

這些活潑好動的魚很容易在受到驚嚇時跳出，所以別忘了替魚缸加一片玻璃上蓋。

魚隻很容易因跳出而受傷。

體長：公、母魚皆為 15 公分

▶ **產地**

馬來西亞西部、蘇門答臘與婆羅洲的湖泊、河川及溪流。

火紅兩點鯽

（*Rasbora kalochroma*）

這隻身型流線的小魚有著與眾不同的黑斑，魚缸因牠而顯得更豐富。成體可能長至 10 公分，但一般很少超過 7 至 8 公分。火紅兩點鯽雖然可愛，在魚缸特定區域會稍稍展現領域性，解決辦法是一次飼養六隻以上，並跟大量其他品種魚隻混養，讓牠們沒有機會建立自己的領域。原生地在馬來西亞、蘇門答臘與婆羅洲，偏好水草密度高的環境，牠們可藉此躲避強光。

上圖：體型小但顏色鮮豔的火紅兩點鯽能為混養缸增添趣味。

飛狐 • *Epalzeorhynchus kalopterus*

一旦你的缸子上軌道，飛狐將是很有用的工具魚，因為牠會把藻類拔起，不過飛狐不吃絲狀藻（thread algae），你必須手動撈除。飛狐也會吃渦蟲（Planarian worms），這讓飛狐成為很好的生物防制魚種，比靠化學藥劑來解決蟲害要更為安全，但這並不意味你可以因此不餵食飛狐，牠們接受薄片、錠狀與細顆粒飼料，更愛活餌及綠色植物。

飛狐可能具領域性，一個 60 公分的缸子建議飼養一隻即可，否則牠們會找對方的碴，這容易導致弱勢方飛狐以死亡收場。扣除領域性，飛狐有著討人喜歡的習性，牠們花很多時間用胸鰭倚靠在水草葉片或石頭上休息。在含氧量高的草缸，你將常常看到牠們在過濾器出水口附近「玩耍」！記得將魚缸加蓋，飛狐有著易跳缸的惡名。定期換水以及高效率的過濾器是讓牠們保持健康的必要條件。

▶ 理想飼養條件

水質：微酸到中性、軟水到微硬
溫度：24-26℃
食物：小型水生無脊椎動物，例如水蚤、孑孓或紅蟲，活的或冷凍的皆可。薄片飼料。綠色植物。
最低飼養量：一隻。大缸子才可以養比較多隻。
最小魚缸規格：60 公分
活動範圍：底層到中層

餵食多樣化餌料能讓飛狐維持良好體色。

呼吸急促有時是水中含氧量下降的徵兆，此時須檢查一下過濾系統。

體長：公、母魚皆為 15 公分

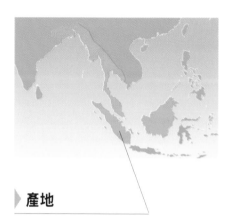

▶ **產地**

印度北部、緬甸、泰國
西部、馬來半島、蘇門
答臘與婆羅洲。

白玉飛狐

（*Crossocheilus siamensis*[19]）

很容易將這款魚跟其他飛狐混淆，即使
進口貿易商也常常誤認，不過若絲狀藻
成為你魚缸的棘手問題，那麼找出真正
的白玉飛狐仍是十分值得的。「沒有鬍
鬚」是辨認白玉飛狐時一個不大會出錯
的方式。白玉飛狐體色為黃褐色，身型
厚實，若著眼於食藻習性，白玉飛狐雖
不中看但十分中用。

公魚與母魚同樣
有醒目紋路。

白玉飛狐成體可長至 14 公分，跟前
一頁的飛狐一樣，尚無在家庭魚缸中
繁殖的記錄。開口朝下的嘴部讓這兩
款魚都能啃食覆蓋藻類的表面。

19　譯按：白玉飛狐又被稱為黑線飛狐、泰國飛狐，然而近年學名有變動，目前
Crossocheilus siamensis 並非有效的學名。

紅尾黑鯊 • *Epalzeorhynchos bicolor*[20]

紅尾黑鯊對比搶眼的體色讓牠成為熱門魚種，當然長得像鯊魚鰭的背鰭也是原因之一。不過，飼養紅尾黑鯊不是沒有難度的，其困難處常常被提及，若把牠早早放入剛放魚的混養缸，紅尾黑鯊會把缸子視為自己的地盤而狂暴追趕其他魚隻，此外若將紅尾黑鯊與另一隻同類或相近的彩虹鯊（E. frenatus）放在一起，嚴重衝突難以避免。即使在已經穩定的缸子，紅尾黑鯊也可能忽然轉性變凶而成為問題。因此，最好能將紅尾黑鯊與其他強健魚種，例如中型到大型的魮魚、較大的燈科、鯰魚（鼠魚及異型）及彩虹魚養在一起。紅尾黑鯊亦為工具魚，牠是絕佳清道夫，食腐也吃草，當不餵食其他食物時，再難纏的藻類牠都可以清除。

在紅尾黑鯊前面沒有其他魚種能稱得上顏色對比強烈，牠的身型也很搶眼。

敏感的觸鬚與有力的嘴巴讓牠成為絕佳清道夫。

▶ **理想飼養條件**

水質：軟水到中等硬度，中性水質
溫度：22-26℃
食物：沉水餌料，包含硬顆粒飼料、圓片飼料、冷凍或活餌。
最低飼養量：一缸只能養一隻
最小魚缸規格：90公分
活動範圍：底層

紅尾黑鯊喜歡擁有自己的藏身處，例如水草與植物根部之間或洞穴。

20　譯按：紅尾黑鯊又被稱為雙色角魚。英文俗名為 Red-tail black shark，甚至有 RTBS 這個縮寫簡稱。

體長：公、母魚皆為 13 公分

▶ **產地**

蘇門答臘以及泰
國的溪流中。

彩虹鯊

（*Epalzeorhynchos frenatus*）

雖然與紅尾黑鯊關係密切，但彩虹鯊有
著紅鰭，身型比較細長，追逐打鬥的習
性也比較不明顯。年輕時，魚身為漂亮
的黑色，配上亮紅色魚鰭；隨年紀漸
增，體色逐漸褪去，變成矇矓碳灰色，
此時，從眼睛後方往前拉至魚吻的黑色
線條以及尾鰭基部黑點逐漸浮現出來。

尾部黑點依稀可見。

白彩虹鯊

（*Epalzeorhynchos frenatus*）

白彩虹鯊是彩虹鯊的白化變異。無論是否為白子，彩虹鯊成
體都可長至 15 公分，其飼養需求與紅尾黑鯊類似。真正的白
子不會有任何黑色色調及黑色素，眼睛呈現紅色，但你在上
方圖中魚隻尾柄處仍能察覺一絲黑點的蹤跡。野生的白子幾
乎沒有機會能長至成熟，因為牠們太過醒目而容易被獵食。

霓虹剛果 • *Phenacogrammus interruptus*

霓虹剛果是中型加拉辛中最讓人印象深刻的魚種之一。這款魚喜歡游動，仔細安排水草擺放位置，保留大量開放空間讓他們能夠四處活動。一旦水質惡化，霓虹剛果很容易生病，所以千萬別忘了換水！餵食非常簡單，牠們接受人工乾飼料，但為了讓體色散發光澤，務必添加些活餌或冷凍餌料。霓虹剛果可能有些神經質，尤其在你只養了少數幾隻的情況下，牠們需要成群飼養來提供安全感。避免把霓虹剛果跟可能會啃咬魚鰭的魚種放在一起。

清楚可見的魚鱗與鮮豔的體色讓霓虹剛果更添魅力。

兼容性

公霓虹剛果彼此間可能會輕微相互追趕，所以別在魚缸中放得太多。

▶ 理想飼養條件

水質：微酸到中性、微軟水
溫度：22-26℃
食物：小型水生無脊椎動物，例如水蚤、孑子或紅蟲，活的或冷凍的皆可。薄片飼料。
最低飼養量：六隻
最小魚缸規格：90 公分
活動範圍：中層

從延伸的魚鰭以及不整齊的尾鰭很容易就能辨認出成熟公魚。

▶ 產地

中非的剛果河（Zaire River）及附近的湖泊。

體長：公魚 8.5 公分，母魚 6 公分

▶ 繁殖

在準備熄燈前將一對調養過的霓虹剛果放入繁殖缸，對魚大多會在隔天早晨交配。透明魚卵黏附在植物葉片、繁殖用的拖把布（mop）[21] 上或落入底砂中，魚卵不小，約五天內孵化。

仔魚飼養

在發育到能夠自由游動之前，仔魚會先掛在產卵介質上，時間達數天。能游動後，他們需要進食滴蟲一至兩天，然後才能攝食剛孵化的豐年蝦。等仔魚發育至兩公分長，他們開始能吃較大的食物及成長專用飼料。5 公分大的時候可以開始分性別，但要發育到將近 7.5 公分才算完全性成熟。

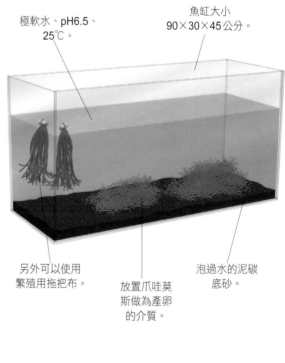

極軟水、pH6.5、25℃。

魚缸大小 90×30×45公分。

另外可以使用繁殖用拖把布。

放置爪哇莫斯做為產卵的介質。

泡過水的泥碳底砂。

黃日光燈•*Hasemania nana*

黃日光燈魚鰭尖端的白色標記讓牠們獲得 silver-tipped tetra 這個英文俗名，牠非常適合跟溫馴魚種混養（不過黃日光燈可能會吃其他魚隻的鰭）。擁有典型燈魚習性，在感受到威脅時，空曠區域的黃日光燈會大量集合成群，並躲藏在水草中；平時牠們則待在魚缸中層來回巡察。在野外，棲息於流動快速、高溶氧的小溪中，因此，你應該在魚缸密植水草，並保留部分空曠區域。確認魚缸的過系統高效運作，並提供充分的高溶氧水。牠們頗為強壯，在開缸放試水魚後約一個月即可把黃日光燈作為首批放入的加拉辛。

理想飼養條件

水質：微酸到中性、軟水到微硬
溫度：22-28℃
食物：小型水生無脊椎動物，例如水蚤、孑子或紅蟲，活的或冷凍的皆可。薄片飼料。提供多樣化餌料
最低飼養量：四隻
最小魚缸規格：60公分
活動範圍：中層

體長：公、母魚皆為 5 公分

▶ 產地

巴西東部的聖法蘭西斯科河流域（*Sao Francisco basin*），以及巴西西部普魯斯河（*River Purus*）的支流水系。

飛鳳燈

（*Aphyocharax nattereri* [22]）

這隻魚來自巴拉圭盆地，尾鰭基部的白點以及臀鰭的白色是英文俗名 *White-spot tetra* 的由來，飛鳳燈柔和的銀色體色若跟紅蓮燈及日光燈混養可成為很好的對比。牠喜歡微酸水質，屬於較為敏感的燈魚，飛鳳燈沒有強健到能被推薦做為剛開缸時就放入的魚種，建議等到水質穩定後再嘗試。成體可長至 4.5 公分。

▶ 繁殖

這隻撒卵型魚種可產下大約三百顆卵，但要留意親魚會吃卵。仔魚的第一餐可以提供剛孵化的豐年蝦，隨著魚隻成長，逐漸增加活餌的大小。

左圖：相較於偏橘色的公魚，黃日光燈母魚顏色偏黃，魚鰭尖端的白色標記範圍也比較不鮮明。成熟公魚（前頁主圖所示）體型較母魚來得更為修長，背鰭、臀鰭、尾鰭尖端的白色標記也更為明顯。

22　譯按：原文以及大部分中文網頁仍將飛鳳燈學名標為 A. paraguayensis，但那已是 2003 年以前的舊學名了。

紅燈管 • *Hemigrammus erythrozonus*

數以千計的紅燈管被熱帶魚繁殖場拿來滿足水族市場，我們現在所買到絕大多數紅燈管都是尋此途徑產出，牠們因而早已習慣一般混養缸的水質與環境，成為新手的絕佳選擇。一次買一小群，好好餵食，牠們會用漂亮體色與充沛活動力報答你。英文取名為 Glowlight 明顯著眼在牠橫貫整個魚身長度的亮紅線條。

　　雖然紅燈管接受所有常見的水族飼料，你仍須留意餵食牠們的方式，這款魚偏好分成每天兩到三次的少量餵食，盡量不要選在早上或晚上一次餵食一天份，雖然多量少餐下紅燈管仍能存活，但少量多餐的餵食方式效果較佳，尤其當你想要把紅燈管調養到適合繁殖的狀況時。

▶ **理想飼養條件**

水質：微酸到中性、軟水到微硬
溫度：23-28°C
食物：小型水生無脊椎動物，例如水蚤、孑子或紅蟲，活的或冷凍的皆可。薄片飼料。
最低飼養量：四隻
最小魚缸規格：60 公分
活動範圍：中層

下圖：滿足的魚隻將用最好的體色與展鰭來回報。

體長：公、母魚皆為 4 公分

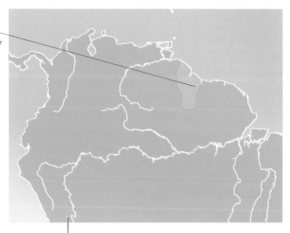

▶ 產地

圭亞納（Guyana）的埃塞奎博河（Essequibo River）。

▶ 繁殖

公魚體型較母魚修長。魚卵被撒在植物上，屬於典型的燈魚繁殖方式。定時餵食仔魚少量的細小活餌。

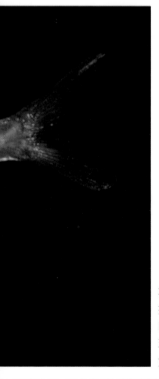

下圖：在魚缸裡，紅燈管身上閃亮的橘色到粉紅線條常讓水族新手誤以為這隻魚能自己發光！這發亮的線條可能有助於讓野生紅燈管在波紋斑斕的圭亞納原生環境中，能緊密地聚集成群。

左圖：買魚時要注意挑選，因為近親交配時，紅燈管有時會表現畸形，不像圖中這隻表現良好。

頭尾燈 • *Hemigrammus ocellifer*

你幾乎能透視這隻加拉辛的身體，而這能幫助你辨別頭尾燈的性別：公魚的銀色魚鰾有稜有角，母魚的則較為圓滑。頭尾燈是混養缸的好選擇，無論對同種或其他魚種都非常和善，牠們會花大把時間待在讓牠們有安全感的水草間，不過一旦投餵餌料，頭尾燈照樣衝第一。餵食活餌能帶出最佳體色，如果無法獲得活餌，請提供牠們多樣化的冷凍及薄片餌料。

務必定期換水，並確保過濾系統能高效運作，頭尾燈喜愛高溶氧、乾淨的水質。頭尾燈對硝酸鹽耐受性低，換水可以解決水中硝酸鹽累積的問題。

▶ 繁殖

牠們是非常好繁殖的加拉辛，在軟水、酸性、溫暖的環境，頭尾燈會將魚卵產在細葉水草上。用剛孵化的豐年蝦帶大仔魚。

魚群愈多愈大，頭尾燈愈願意游出來探險

體長：公、母魚皆為 5 公分

▶ 產地

圭亞納以及
亞馬遜河流
域北部。

▶ 理想飼養條件

水質：微酸到中性、軟水到
微硬
溫度：22-28℃
食物：小型水生無脊椎動
物，例如水蚤、孑孓或紅
蟲，活的或冷凍的皆可。薄
片飼料。
最低飼養量：四隻
最小魚缸規格：60 公分
活動範圍：中層

泥碳底砂的鋪設

左圖：將可以鋪設 5
公分厚的泥碳土捏碎
後放置於水面。使用
經活性炭過濾的雨水
或使用 RO 水混合開
水來調配適合的硬
度。

左圖：泥碳土一開始
會浮在水面，也許要
等一週左右才會沉至
缸底。每天攪拌並把
泥碳土裡面的空氣擠
壓出來，如此可加速
沉水速度。

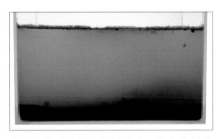

上圖：此時水質已經被酸化，許多有益的
微量元素也溶解其中。你可以將水虹吸至
另一個容器做準備，把這些水使用在需要
酸軟水質的魚類，或者直接把原來這缸拿
來使用。

紅印 • *Hyphessobrycon erythrostigma*[23]

由於在店家中牠常常未能展現出真正的體色，這隻體色鮮豔的燈魚常常被忽略，亞成個體也缺乏成體公魚延伸的背、臀鰭，但仍建議買回家試試，略呈粉紅色的柔和體色以及那顆特別的紅色「血心」標誌都讓牠們值得入手。市面上流通的紅印多為野生採集，也許較不易適應環境，所以請確保牠們已經在店家中馴養一陣子，而且有好好進食。須留意水質，履行定期換水以避免硝酸鹽的累積。一旦適應環境，牠們會搶食薄片，但若能定期提供冷凍或活餌，紅印能因此獲益更大。

兼容性

紅印喜歡與其他較小、性情溫和的魚隻養在一起；當與暴躁的魚隻同缸時，紅印只會躲在水草間。在飼養扯旗時，你可以養一大群，或在有其他魚同缸時只養一對。

即使年紀還輕，這隻公魚的巨大背鰭已經明顯開始發育。

▶ 理想飼養條件

水質：微酸到中性、軟水到微硬
溫度：22-28℃
食物：小型水生無脊椎動物，例如水蚤、孑孓或紅蟲，活的或冷凍的皆可。薄片飼料。
最低飼養量：兩隻
最小魚缸規格：60 公分
活動範圍：中層

23　譯按：紅印又被稱為血心燈，名字都強調體側那顆「紅心」標誌。外型與中文名都容易跟紫背紅印（又稱紅背血心、紫印）H. pyrrhonotus 及小血心 H. socolofi 混淆。

體長：公、母魚皆為 6 公分

▶ 產地

位於秘魯與巴西西部的亞馬遜盆地。

陰陽燕子

(*Carnegiella strigata*[24])

陰陽燕子來自秘魯，其嘴部開口朝上顯示牠主要在水面進食，即使這款魚接受薄片飼料，仍建議將冷凍或乾燥紅蟲、水蚤納為牠的餐點。在魚缸擺放一些浮水植物作為水面藏身處。成體可長至 4 公分。

從較淡的體色與較短背鰭可以很容易辨認出母魚。

---

24 譯按：陰陽燕子又被稱為大理石燕子。

黑燈管 • *Hemigrammus ocellifer*[25]

黑燈管是另外一款大量由繁殖場供應的小型加拉辛。野生黑燈管對水質非常挑剔,但人工量產的黑燈管對水質的容忍度則高得多,這讓他們可以很容易地被養在混養缸裡。不過,別把他們當成開缸試水魚,在開缸四到六週後再將黑燈管放入,若你把他們跟其他性情溫和的魚種放在一起飼養,黑燈管將會很開心地在你的缸中悠游。

　　黑燈管是標準群游魚種。會從藏身處一起游出,花上一些時間逗留在外頭,不時擺動一下牠們的魚鰭,然後再游回水草間躲藏。

下圖:這隻魚應該展現良好的體色,游動時魚鰭豎立。若沒觀察到這些表現,那麼要確認水質狀況,若有異狀就要改善。

▶ *理想飼養條件*

水質:微酸到中性、軟水到微硬

溫度:22-28℃

食物:小型水生無脊椎動物,例如水蚤、孑孓或紅蟲,活的或冷凍的皆可。薄片飼料。若想把魚隻調養到繁殖狀態,多樣化的餌料勢不可免。

最低飼養量:四隻

最小魚缸規格:60公分

活動範圍:中層

25　譯按:少數人稱之為「黑日光燈」,此名應來自英文俗名 Black neon。

體長：公、母魚皆為 4 公分

右圖：黑燈管的眼睛
上半圈帶有特別的紅
色痕跡。

▶ 產地

巴西馬托格羅索州（Mato Grosso）的塔夸里河（Taquari River）。

▶ 繁殖

成體公魚的體型比母魚來得修長，
牠們在酸軟的水中繁殖，將魚卵撒
在細葉水草上。魚卵在大約三十六
小時內孵化，餵仔魚吃細小的活
餌，例如剛孵化的豐年蝦。

黑旗 • *Hyphessobrycon megalopterus*

黑旗體型雖小但十分顯眼，特殊的顏色能替你的魚缸增添對比。若水質良好，包括低硝酸鹽，黑旗也是最好飼養的扯旗之一。在店家缸子裡，黑旗很難展現出牠最好的表現，這款魚需要魚缸密植水草營造安全感以及良好的餵食，如此方可讓牠們穩定並展現真正體色。

　　野外的黑旗多被發現於有遮蔭的溪流中，所以魚缸必須擺設一些水草，也保留一些開放區域，並製造柔和水流。審慎挑選黑旗的同缸伙伴，這些魚必須性情溫和同時不屬於會啃咬魚鰭的品種，因為黑旗的巨碩魚鰭對食鰭魚而言是莫大誘惑。黑旗母魚的魚鰭顏色較紅。

▶ **理想飼養條件**

水質：微酸到中性、軟水到微硬
溫度：18-28℃
食物：小型水生無脊椎動物，例如水蚤、孑子或紅蟲，活的或冷凍的皆可。薄片飼料。
最低飼養量：兩隻
最小魚缸規格：60 公分
活動範圍：中層

體長：公、母魚皆為 4.5 公分

▶ 產地

巴西東部的聖
法蘭西斯科河
（*River Sao
Francisco*）

下圖：公魚
為深灰色，
配上黑色魚
鰭以及大片
背鰭。

▶ 繁殖

若能提供多樣化飼料，魚隻會進
入繁殖狀態，不難看見對魚在缸
中相互誇示的景象。黑旗採撒卵
繁殖，酸軟水質、昏暗光線能刺
激交配。餵食仔魚細小活餌。

紅衣夢幻旗

（*Megalamphodus sweglesi*）

紅衣夢幻旗來自哥倫比亞，和黑旗是關
係密切的表兄弟，同樣擁有黑色肩斑特
徵，只是紅衣夢幻旗底色是紅色。牠比
黑旗要嬌弱，非常優良的水質才能讓牠
有好表現，不過，當看到魚隻展現亮眼
的紅色、表現沉著做為回報時，一切的
努力都是值得的。紅衣夢幻旗應該是最
晚被放進魚缸的魚種，放牠們下缸前，
所有的水質參數、魚缸環境都須儘可能
穩定。一次飼養六隻到八隻為一小群，
牠們此時表現最佳。成體可長至 4.5 公
分，避免跟較大、可能具攻擊性的魚種
混養。

下圖：這隻年輕紅衣夢幻
旗的模樣是在店家中的典
型表現，要完全發色必須
等魚隻成熟後。

鑽石燈 • *Moenkhausia pittieri*

鑽石燈在平靜、種植水草的魚缸顯得閃閃動人，如果可能，在缸中營造和緩水流。年輕的鑽石燈表現低調，不似成體身上有奢華亮點，容易在店家中被忽略，不過若在餌料中添加大量的小型、冷凍或活的水生無脊椎動物，鑽石燈很快就能發育成熟。雖然牠們接受薄片飼料，但僅以此餵食通常無法讓魚隻散發鑽石光芒。

▶ **理想飼養條件**

水質：軟水、微酸
溫度：24-28℃
食物：小型水生無脊椎動物，例如水蚤、孑孓或紅蟲，活的或冷凍的皆可。薄片飼料。
最低飼養量：六隻
最小魚缸規格：60 公分
活動範圍：中層

像圖中這類肚子圓鼓的雌魚足讓任何公魚都為她高豎魚鰭。

兼容性
要小心別把鑽石燈跟會啃食魚鰭的品種養在一起。

正確餵食及良好水質能讓公魚維持濃豔體色並散發鑽石光芒。

體長：公、母於皆為 6.5 公分

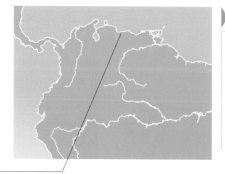

▶ 繁殖

繁殖鑽石燈不容易，但並非不可能實現。親魚將卵撒在細葉水草上，牠們有食卵性，所以交配後要把親魚移出。魚卵在四十八小時內孵化，初生仔魚會吃剛孵化的豐年蝦。

▶ 產地

委內瑞拉（*Venezuela*）北部的瓦倫西亞湖（*Lake Valencia*）。

檸檬燈

（*Hyphessobrycon pulchripinnis*）

這款半透明的漂亮小傢伙成體可長至 4.5 公分，牠顏色優雅，不濃豔俗氣，而且沒有惡習。一次養一群（六隻或更多），有公有母能讓牠們展現最佳體色。公魚的臀鰭黑帶更為顯眼，母魚背部顯得較為高駝。

紅蓮燈 • *Paracheirodon axelrodi*

絕佳的配色讓這款加拉辛燈魚成為魚缸中最受歡迎的一款魚種，不過，這並不意謂牠也是最好養的。別把紅蓮燈放入剛設好的魚缸，等到整個系統穩定下來，察看水質參數達到均衡時的數值為何（這也是做水質記錄的一個好理由）。你必須營造軟水、微酸的環境，需要一個成熟的魚缸且種有茂密水草供魚隻躲避。存點錢一次買上一群紅蓮燈，這是值得的，因為一隻紅蓮燈容易害羞躲起，兩、三隻也一樣，但隨著數量增加牠們會變得比較大膽，觀賞起來更讓人印象深刻。市售的大量紅蓮燈絕大部分是野生的，[26] 是廣受歡迎的混養魚種。

▶ 理想飼養條件

水質：微酸、軟水
溫度：23-27℃
食物：小型水生無脊椎動物，例如水蚤、孑孓或紅蟲，活的或冷凍的皆可。薄片飼料。
最低飼養量：六隻
最小魚缸規格：60 公分
活動範圍：中層

---

26 譯按：近年來人工繁殖的紅蓮燈比例已大幅增加，現在台灣販售的紅蓮燈多半為東南亞繁殖場所生產，野生的僅屬少數。

體長：公、母於皆為 5 公分

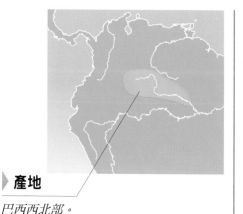

▶ **產地**

巴西西北部。

當紅蓮燈在 1956 年被首次引進美國時，曾經造成一陣旋風，牠們隨後開始挑戰原屬於日光燈的「最受歡迎熱帶魚」頭銜。紅色魚腹、閃耀虹彩的藍帶、帶白邊的背鰭和臀鰭，以及凸出的眼睛、在人工光源下泛著冷光、性情溫和，多麼完美的搭配啊！魚群數量愈多，群游展現的效果愈好，尤其在深色魚缸背景的環境。

也許你會覺得紅蓮燈與日光燈關係十分相近，但牠們魚身樣貌其實差異明顯。

紅蓮燈
（Paracheirodon axelrodi）

日光燈
（Paracheirodon innesi）

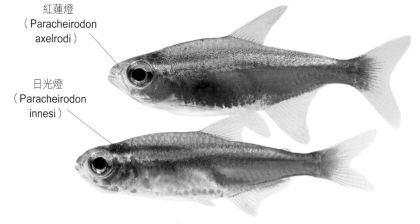

▶ **繁殖**

紅蓮燈採撒卵型產卵，曾有繁殖記錄，但由於牠們需要極端特殊的水質，所以並不容易繁殖。紅蓮燈可以產出多達五百顆卵，初生幼魚只能進食非常小的活餌。若養在太硬的水中，成魚及仔魚的腎臟都會遭受損傷。

相較於日光燈僅 4 公分，成體紅蓮燈也長一些，可達 5 公分。沒有景象比得上一大群日光燈快速穿梭在茂密水草間，在遮蔭處彷彿會發光一般。欲進一步獲得日光燈的資訊，包含如何繁殖牠們，請見 132-133 頁。

日光燈 • *Paracheirodon innesi*

日光燈可能是魚缸中最受歡迎的魚種，現今幾乎所有被販售的日光燈都是人工繁殖，有的店家會按體型大小分開販售：年輕亞成約 1 至 1.5 公分、成魚 3 至 4 公分。日光燈屬於長壽魚種，存活十年以上並非罕見。

　　一個中間留有開放空間的草缸能讓魚隻展現最佳風采，有些人為了日光燈單設一缸，並使用深色底砂，[27] 例如黑膽石，並種植大量水草，讓魚缸成為室內的美麗風景。雖然人工繁殖的日光燈能接受很廣的水質差異，牠們仍然無法承受糟糕的水質管理，疏於換水將導致低溶氧以及高硝酸鹽。

▶ 理想飼養條件

水質：微酸到中性、軟水到微硬
溫度：20-26℃
食物：小型水生無脊椎動物，例如水蚤、孑子或紅蟲，活的或冷凍的皆可。薄片飼料。多樣化的餌料可以讓魚隻維持漂亮體色。
最低飼養量：一群至少六隻，十隻以上會更好，牠們在有足夠數量時才能表現出最佳狀態。
最小魚缸規格：60 公分
活動範圍：中層

成熟的公魚比母魚來得細長，側面藍色線條也顯得更為筆直。

27　譯按：國內常見的深色底砂包含黑金砂、黑膽石、火山岩砂、黑土等。有的會影響水質，例如黑土會讓水質偏酸，火山岩砂則有機會拉高一點硬度。

體長：公、母魚皆為 4 公分

▶ 產地

秘魯的普圖馬約河（River Putumayo）。

安全至上

將日光燈跟相近魚種混養，避免與較大魚種放在同缸，例如神仙魚，因為牠們會吃掉小型日光燈。

▶ 繁殖

日光燈只有在極為酸軟的水中、昏暗的燈光下才會交配。牠們產卵在細葉型水草上，魚卵將於二十四小時內孵化。用非常細小的活餌餵食初生仔魚。

仔魚的飼養

餵食滴蟲或液體人工飼料七到十天，之後仔魚能進食剛孵化的豐年蝦。牠們非常貪吃，甚至可能吃得太多而產生嚴重體內問題。仔魚成長速度飛快，但要長到 1 公分後才開始發色。亞洲人工繁殖的日光燈及野生魚常常只能產出少量健康仔魚，然而，一旦你把牠們帶大，第二代日光燈將能夠一次產出多達四百隻健康仔魚。

繁殖缸設置

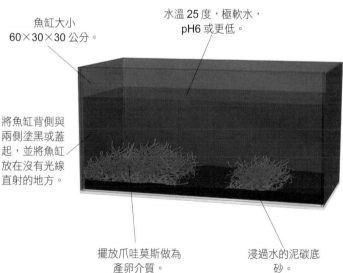

魚缸大小 60×30×30 公分。

水溫 25 度，極軟水，pH6 或更低。

將魚缸背側與兩側塗黑或蓋起，並將魚缸放在沒有光線直射的地方。

擺放爪哇莫斯做為產卵介質。

浸過水的泥碳底砂。

紅翅濺水魚 • *Copella arnoldi*

這隻體型大一些的加拉辛屬於活潑魚種，喜歡被成群或至少成對被飼養在混養缸裡。由於年輕魚的性別不容易分辨，你最好能一次買兩隻。飼養這款魚一定要加蓋並嚴密封起，紅翅濺水魚是很會跳缸的魚種。牠們喜歡在水面覓食，時常在進食時躍出水面。放置一些浮水植物讓牠們平時有地方躲藏，有助於減少跳缸的發生。保持各水質參數在範圍內，確保定期換水、過濾器高效運作，避免任何硝酸鹽累積的機會。

　　紅翅濺水魚幾乎什麼都吃，從蒼蠅、水面薄片到沉水的錠狀飼料。牠們也喜食一般冷凍餌料或活餌。

理想飼養條件

水質：微酸到中性、軟水到微硬
溫度：23-29℃
食物：小型水生無脊椎動物，例如水蚤、孑子或紅蟲，活的或冷凍的皆可。薄片飼料。
最低飼養量：兩隻
最小魚缸規格：90 公分
活動範圍：中層到上層

成熟公魚通常較大，體色也較母魚鮮豔，有著延伸的魚鰭。

體長：公魚 8 公分、母魚 6 公分

▶ 繁殖

拍水、跳躍是牠們繁殖的方式，也是牠們被稱為「濺水魚」的原因。欲繁殖濺水魚必須設立一個有緊密上蓋的特殊魚缸，對魚會將身體彼此交纏，躍出水面，將卵產在從魚缸上方懸垂至水面上的葉片背面，產卵後對魚再落回水中，這樣的跳躍儀式會不斷重複，直到產完大約一百五十顆卵。公魚會在水中看顧上方魚卵，不時用尾鰭拍水花到卵上以保持濕潤，直到魚卵孵化，仔魚落入水中。仔魚吃細小的活餌。

▶ 產地

圭亞納、亞馬遜下游。

紅目

(*Moenkhausia sanctaefilomenae*)

這隻魚的眼睛上半圈為鮮紅色，故取名為「紅目」。尾鰭前段生有特殊的縱向黑帶，帶黑緣的鱗片組成紅目猶如穿上盔甲的網格狀外表。這些可愛的群居性魚種來自巴西、玻利維亞及秘魯，牠們在靠近水面與中層游動，喜愛以茂密水草做為藏身處，草缸飼養。然而，須慎選水草種類，紅目會啃食葉子偏軟的水草。牠們的體型比大多燈魚要更大一些，成體可達 7 公分，若你準備養一群的話，牠們比較適合較大的魚缸。

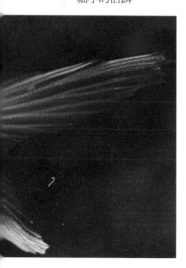

紅旗 • *Hyphessobrycon eques*

紅旗是值得入手的熱門魚種，牠行為活潑、外表漂亮，而且身強體壯。紅旗的體色因種魚不同而有很大的差異，不過都介於紅銅色到玫瑰紅之間，背鰭有一黑斑。一如大多燈魚，紅旗只有在成群飼養時表現才會好，牠們會群游在一起。不定期地誇示打鬥並非罕見，這只是魚隻要建立地位高低而已。紅旗有個壞名聲——牠們偶爾會咬其他魚的魚鰭，所以請避免將牠們和長鰭魚種混養。來自流速和緩的水域，紅旗習慣棲息在由水草與根部建構出大量藏身處的環境，所以魚缸設置應該如法炮製。

▶ 繁殖

在布置有濃密水草的酸性軟水魚缸中非常容易繁殖，不過卵大多會被同缸魚吃掉。親魚在追逐、繞圈後撒出棕色魚卵。初生仔魚體型極小，可用滴蟲或蛋黃餵食。

當魚隻在魚缸裡快速穿梭時，背鰭黑斑會讓缸子看起來很豐富。

紅旗會在缸中不斷游動。

▶ 理想飼養條件

水質：軟水到中性硬度、微酸到中性
溫度：22-26℃
食物：薄片飼料或人工乾飼料，小型的冷凍餌料或活餌
最低飼養量：五隻
最小魚缸規格：60 公分
活動範圍：如果環境中種有水草，紅旗會在偏上層水域；若無水草，則會在下層到中層。

體長：公、母於皆為 4 公分

▶產地

流速慢的河川與溪流，分布從巴拉圭至巴西的托格羅索州。

企鵝燈

（*Thayeria boehlkei*）

黑色線條沿魚身中間位置到尾鰭處下切，形狀有如曲棍球竿，這特殊標記讓企鵝燈在魚缸中顯得十分突出。牠可以長至 6 公分，這款魚因為黑色標記及獨特泳姿而獲得「企鵝燈」之名。游動時，牠的頭部微微向上抬起，在原地上下抽動，十分引人注目。企鵝燈性情溫和，能接受的水質範圍很廣。母魚身體比公魚來得高厚一點，抱卵時變得更為圓鼓，一次產卵量高達一千顆。

魚鰾的反光能穿透很濃的紅銅色魚身。

紅肚鉛筆 • *Nannostomus beckfordi*[28]

在所有鉛筆魚中，紅肚鉛筆是最好養的。牠對養有其他小型魚的混養缸適應良好，但可能遭受較大、暴躁魚種的威嚇。避免極端酸鹼值與硬度，確保過濾器運作正常，紅肚鉛筆不喜歡水中有大量懸浮物。用茂密的細葉水草，例如綠菊提供牠們藏身。

　　鉛筆魚的花紋會變化。在白天你可以看到中間延伸有黑帶，非常明顯；當晚上或在昏暗環境，黑帶會斷開，魚身出現垂直的條紋。沒什麼好擔心的，這是很正常的現象。

下圖：被餵食大量活餌後，這隻圓肚的母魚顯示她已經準備好要交配了。

▶ 理想飼養條件

水質：軟水到中性硬度、微酸到中性
溫度：23-26℃
食物：小型水生無脊椎動物，例如水蚤、孑孓或紅蟲，活的或冷凍的皆可，只要紅肚鉛筆的小嘴吃得下去，定期投餵活餌有助於維持良好體色。薄片飼料。
最低飼養量：兩隻
最小魚缸規格：60 公分
活動範圍：中層

28　譯按：紅肚鉛筆又被稱為鉛筆燈，是國內最常見也是最便宜的鉛筆魚。

▶ 產地

圭亞納以及尼格羅河下游、巴西亞馬遜中部區域。

公魚較母魚細長，魚鰭尖端呈白色。

三線鉛筆

（*Nannostomus trifasciatus*）

鉛筆魚都是害羞的種類，牠們的存在為魚缸帶來一絲安寧。這款魚擁有三條突出的水平黑線，周圍還有一系列絕妙的標誌，在頭兩條黑線間的魚身是金色底，每片鰭上都有一個鮮紅色的斑點。如同其他鉛筆魚，三線鉛筆的顯眼黑線在夜晚時會被寬的縱向條紋所替代。牠們多在中層水域游動，可以薄片飼料餵

食，並提供牠們一些能藏身的地方。別把鉛筆魚跟到處亂竄的魚種混養，這些魚可能會欺負鉛筆魚。三線鉛筆棲息於圭亞納與巴西，分布範圍同紅肚鉛筆。牠們花大部分的時間停留在水草間的安全區域，因此讓我們能夠輕易地長時間觀賞這隻迷人鉛筆魚。成體可長至 10 公分。

帆鰭茉莉 • *Poecilia velifera*[29]

這款魚讓人驚艷，非常受到歡迎，但想養好牠則有難度。帆鰭茉莉需要適合的餌料、足夠的空間以及和緩的水流；雜交品種特別容易因水質不佳而感染疾病。在野外，帆鰭茉莉定期往返於淡水與海水間；在人工環境，水中鹽分愈高，帆鰭茉莉愈不容易生病。直到設缸大約六個月、環境穩定後再放入這款魚，如此牠們應能興盛茁壯。

公魚展示巨大背鰭以追求母魚，臀鰭特化為生殖足（gonopodium）[30]，一些更大的茉莉，其生殖足要到魚隻一歲甚至更久以後才開始發育。還有一款被稱為「綠茉莉」的品系，公魚魚身為淡淡橄欖綠，在強光下看起來帶著銀光；母魚體色相似，不過背鰭較小，無生殖足。有些品系的公魚擁有橘金色邊緣，此色亦出現於頭部與喉部。

▶ 繁殖

魚隻九個月內可達性成熟，一隻完全成熟的母魚每個月可產出多達一百隻仔魚，仔魚體型大，一出生長度即可達 7 公釐。餵食仔魚小型活餌以及大量的藻類，牠們將飛快成長。

右圖：一對帆鰭茉莉在魚缸空曠區域巡視。圖中公魚有著橘色的頭部與喉部，母魚基本上是銀灰色，體側有破碎的黃色線條延伸。公魚透過展示驚人背鰭來追求母魚。

29　譯按：帆鰭茉莉又被稱為帆鰭花鱂。茉莉一詞源於英文俗名 Molly，亦有人譯為瑪麗。
30　譯按：生殖足又稱生殖肢，由臀鰭特化而成的交接器，可插入母魚進行授精。

體長：公魚 8 公分、母魚 9-10 公分

▶ 產地

從北卡羅萊納州（North Carolina）東南部到墨西哥大西洋沿岸。

▶ 理想飼養條件

水質：中性酸鹼值、硬水
溫度：25-28℃
食物：小型水生無脊椎動物，例如水蚤、孑孓或紅蟲，活的或冷凍的皆可。大量的綠色植物。薄片飼料。
最低飼養量：一對
最小魚缸規格：90 公分
活動範圍：中層到上層

朝上的嘴巴讓茉莉能輕易食用漂在水面的餌料。

銀茉莉

（*Poecilia spp*）

由兩款最常見的茉莉雜交而成，銀茉莉有著琴尾（*lyre tail*）以及高度適中的背鰭。可長至 18 公分。另一款體色相似而體型更極端的「圓身銀茉莉」（銀天鵝）有著高背、更短、更圓的身型。

大帆金茉莉

（*Poecilia velifera*）

這是一款由繁殖場從綠茉莉培育出的白子變異，身上缺乏黑色素，原來就巨大背鰭在此魚身上被進一步強化，成體可長至 18 公分。可留意下方圖片中公魚的生殖足。

141

孔雀魚 • *Poecilia reticulata*

孔雀魚是魚缸中最受歡迎的魚種之一，經商業化大量繁殖，挑選育種，現今已有各種不同花色、不同鰭型的孔雀魚在市面流通。跟野外同類相比，這些由人工培育的品系需要較高的溫度（野生孔雀魚相較下外表非常單調乏味，但因為很少流通，所以反而吸引熱衷玩家積極尋覓）。購買孔雀魚時應確保自己買的有公有母，公魚因擁有拖長、飄逸尾鰭以及炫麗顏色而受到喜愛，母魚顏色較不鮮豔，只有尾鰭和魚隻身體後半偶爾有些顏色——公魚確實需要一些能展示自己的東西方能吸引母魚。牠們十分愛吃子子，故部分熱帶區域為控制蚊子數量而引進孔雀魚。

▶ 繁殖

公孔雀魚三個月即可達到性成熟，母魚則更早。牠們很容易繁殖，體型夠大的母魚一次可產出二十至四十隻仔魚。用磨碎的薄片飼料或極小的冷凍餌料、活餌餵食仔魚。添加一些漂浮的水草能降低幼魚被同缸較大魚隻吃掉的風險。

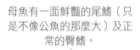

母魚有一面鮮豔的尾鰭（只是不像公魚的那麼大）及正常的臀鰭。

▶ 理想飼養條件

水質：中性酸鹼值、硬水
溫度：18-28℃
食物：小型水生無脊椎動物，例如水蚤、子子或紅蟲，活的或冷凍的皆可。薄片飼料。
最低飼養量：一對
最小魚缸規格：45 公分
活動範圍：中層到上層

體長：公、母魚皆為 6 公分

▶ 產地

千里達（*Trinidad*）
以及委內瑞拉相鄰
處。

霓虹藍孔雀

（*Poecilia reticulata*）

市面上孔雀品系眾多，不同表現各有專
屬稱呼：霓虹藍、綠蕾絲、金屬、蛇王、
禮服等，如果各自分開飼養，這些品系
可以被保持下來，但多數飼養者偏好把
各種混養在一起，期待之後幼魚會發展
出何種表現。

黃金圓尾孔雀

（*Poecilia reticulata*[32]）

避免將黃金圓尾孔雀跟體色相似的泰鬥
公魚養在一起，這會讓牠們誤認對方為
競爭對手而打起來。不像牠們單調的野
生祖先，繁殖場產出的孔雀魚是顏色與
鰭型無止境的排列組合。公魚更為火紅
豔麗。

融合橘色與黃色
的尾鰭在魚缸燈
光下熠熠生輝。

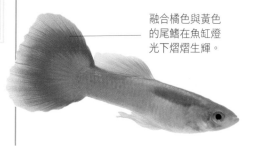

兼容性

慎選同缸魚
種。公孔雀魚
飄逸的尾鰭對
其他魚來說就
像可口零食般
引誘其他魚隻
前來啄上一
口。神仙魚以
及四間鯽 [31] 有
著啃咬尾鰭的
惡名，牠們造
成的開放傷口
很容易受到水
黴感染。

蛇王孔雀公魚有
面環節花紋的獨
特尾鰭。

如同其他胎生鱂，公魚
擁有生殖足——特化的
臀鰭，公魚藉此器官在
母魚行體內授精。

31　譯按：可見 90 頁
32　譯按：尾鰭由紅變橘變黃，這樣的表現有時被稱為「落日」。

劍尾 • *Xiphophorus helleri*[33]

劍尾是水族貿易的支柱之一，雖已被培育出各種顏色與鰭型，不過紅劍尾仍非常受歡迎。品質優秀的魚隻，其顏色會是濃豔的血紅色，優良公魚一直到體型長到一定程度後，劍尾才開始逐漸發育，故避免挑選體型尚小但已發育劍尾者，這種魚隻不會長成優秀的種魚。因為尾鰭發育時間慢，你仍須藉由確認生殖足有無來辨認公魚的性別（奇特的是，有些母魚經過外觀上的性別轉換，也會發育出生殖足）。現今市面已有許多色型通流，包含紅型、黑型、青型、黑鰭（wagtail，身體紅尾鰭黑）、白子型與琴尾型。

劍尾個性活潑，需要充分游動空間，建議把水草局限在缸背與兩側。幼魚需要足夠成長空間，須避免育成缸過於擁擠，牠們會啃食藻類也吃磨碎的薄片飼料。

▶ 繁殖

劍尾繁殖容易，一次可產出多達八十隻仔魚，如果缸內放置細葉水草或浮水草種讓仔魚躲避，且沒有魚隻大到能夠吃下牠們，許多仔魚甚至可以在混養缸中長大。

母的 Pineapple 劍尾[34]。

▶ 理想飼養條件

水質：中性酸鹼值、微硬
溫度：21-28℃
食物：小型水生無脊椎動物，例如水蚤、孑子或紅蟲，活的或冷凍的皆可。綠色植物。薄片飼料。
最低飼養量：一對
最小魚缸規格：90 公分
活動範圍：中層到偏上

成熟公魚展現漂亮的「劍尾」

33　譯按：國內常依據尾鰭拖長一根或兩根而稱為單劍、雙劍。
34　譯按：大陸稱這種表現為「蘋果劍」，此名疑為誤讀 pineapple 的結果。

體長：公魚 10 公分、母魚 12 公分

▶產地

墨西哥東南部、貝里斯（Belize）、
瓜地馬拉（Guatemala）三國位於
大西洋斜面的河川。

> **外觀上的性別轉換**
> 母的劍尾偶爾會有公魚的特徵，例
> 如尾鰭長出短的劍尾。

黑鰭紅劍

（*Xiphophorus helleri*）

劍尾從最初的綠色逐漸發展出許多不同
色型以及誇張的鰭型。這隻有著亮黑色
尾鰭及劍尾。

左圖：確保自己買的對魚
屬相同顏色型，否則你最
終將獲得一些長相詭異、
顏色古怪的混種。

公的 Pineapple
劍尾

黑劍

（*Xiphophorus helleri*）

這 款 外 型 很 像 禮 服 滿 魚（*tuxedo
platy*）的魚可能是兩個魚種雜交而成，
所有黑劍公魚的尾鰭下緣鰭條都延伸拖
長。外表發育最遲緩的公魚往往最能交
配。

滿魚 • *Xiphophorus maculatus*[35]

滿魚對水族新手來說是絕佳的入門魚種，牠對魚缸環境適應良好，非常鮮豔、討喜。滿魚性情溫和，即使同種間亦相處良好。生殖足的有無可做為區分性別的辦法，成熟公魚體型比母魚要小。如果缺乏植物餌料，牠們會啃食水草，不過傷害並不大，吃的主要是附著於水草上的藻類。建議種植較強壯的草種，例如水蘭、皇冠草以及爪哇莫斯。

就像牠的親戚劍尾一般，滿魚也發展出各種廣為流傳的品系，包含紅滿魚（紅球）、黑鰭、三色米奇（moon）、禮服（頭盔）、高帆藍米奇、落日……等，族繁不及備載。

理想飼養條件

水質：中性酸鹼值、微硬
溫度：21-25℃
食物：小型水生無脊椎動物，例如水蚤、孑孓或紅蟲，活的或冷凍的皆可。綠色植物。薄片飼料。
最低飼養量：一對
最小魚缸規格：45 公分
活動範圍：中層到偏上

上圖：滿魚成體大小只有劍尾成體的一半不到，非常適合只有一個小缸子的愛好者做為混養的選擇。圖中這隻為公魚。

紅色黑鰭型滿魚有血紅色的身體與亮黑色魚鰭。

---

35 譯按：此魚在國內有非常多的稱呼，包含米老鼠、米奇、茶壺魚、紅豆、球魚等。

體長：公魚 3 公分、母魚 6 公分

▶ **產地**

墨西哥、瓜地馬拉以及
宏都拉斯北部。

▶ **繁殖**

球魚是很好繁殖的魚種，即使在混
養缸內，幼魚也能長到成體，而且
四個月即發育成熟，所幸這款魚不
會生太多，相較於產量更大的劍尾，
滿魚較適合新手。

黑禮服滿魚

牠們身著講究而不過度誇張、端莊的「制服」，
黑禮服滿魚適合跟顏色太過鮮豔的魚種混養，
牠會成為優秀陪襯。要小心所有滿魚品系都很
容易雜交，最好能分開飼養。下圖為母魚，透
過觀察臀鰭很簡單就能分辨滿魚性別，公魚臀
鰭特化成為行體內受精的器官，稱為「生殖足」
（可見 *64-65* 頁 繁殖章節）。

左圖：這些是「雜
色劍尾魚」（X.
variatus，又被稱為
鴛鴦魚）的部分色
型，在上方的兩隻
公魚屬於「高帆」
（hifin）型，有著
比一般還大的背
鰭。下方兩隻母魚
屬於落日（sunset）
型。

147

泰國鬥魚 • *Betta splendens*

這些極為鮮豔的魚在市面流通，牠們已被人工培育出各式各樣的體色與鰭型。圖中公魚體色火紅、拖著長鰭；母魚外表就非常土氣，魚鰭也較短。

　　泰國鬥魚喜好溫暖的環境，須維持穩定的水溫，溫度震盪將導致魚隻緊迫，讓魚隻免疫下降，容易感染疾病。另一個容易造成鬥魚傷亡的主因是不當混養，將鬥魚跟會啃咬飄逸魚鰭的其他魚隻放在一起，受損的魚鰭容易受到黴菌或細菌侵襲。

　　在飼養泰鬥的魚缸中放些水草，不只放漂浮在水面的草種，還要種植一些生能長茂密成叢的草種供魚隻藏身。

像圖中這樣健康、快樂的鬥魚會盡情舞動、展示魚鰭。

理想飼養條件

水質： 中性酸鹼值、微硬
溫度： 24-30℃
食物： 小型水生無脊椎動物，例如水蚤、孑孒或紅蟲，活的或冷凍的皆可。薄片飼料。
最低飼養量： 單公
最小魚缸規格： 45 公分
活動範圍： 上層

體長：公、母魚皆為 6-7 公分

▶ **產地**

泰國與柬埔寨。

上圖：顏色為鋼鐵藍的泰鬥正展示牠漂亮而飄逸的魚鰭，這些魚鰭的精美程度已經遠遠超過野生品種。要避免把鬥魚跟會啃咬魚鰭的魚種放在同缸。

兼容性

你可以一缸養一隻公魚（同缸可養其他非鬥魚的魚種），甚至一缸養一隻公魚配上幾隻母魚，但千萬別把兩隻公魚放在一起，人類最初就是為了讓鬥魚互鬥較勁而繁殖牠們，故兩隻公魚會互打，常常致死方休。鬥魚一開始會擺出威嚇姿勢，翻開鰓蓋並撐開魚鰭，之後馬上展開一系列的攻擊，公魚會相互撕扯對方魚鰭。

上圖：泰鬥是慈愛的父母，但對於其他公魚則毫不留情。公泰鬥短暫的一生都在緊繃狀態，張起的魚鰭與鼓起的鰓蓋都是泰鬥做為威嚇用的姿勢，緊接著就會對魚鰭展開猛攻。單隻公魚在混養缸非常溫和，但繁殖期的對魚就需要一個牠們專屬的小草缸。

麗麗 • *Colisa lalia*

這些小型的麗麗魚是寧靜混養缸的理想選擇，但別試圖把牠們放入剛設置好的魚缸。等候幾個月，待設備都已經上軌道、水質也穩定了，再考慮購買麗麗。跟人工魚比起來，野生麗麗較難適應變化，所幸現今被販售的多為人工魚，對魚缸環境適應力佳。

　　一次買一對，事實上，店家也多半成對販售。可簡單藉由體色分辨公母，母魚偏銀灰，公魚身上則有紅、藍縱向條紋。許多不同顏色的麗麗在市面上流通。

此品系以藍色為為主，不過你仍然可以察覺體側透出縱向條紋，這顯示圖中為公魚。

▶ 理想飼養條件

水質：中性酸鹼值、軟水到微硬

溫度：22-28℃

食物：小型水生無脊椎動物，例如水蚤、孑孓或紅蟲，活的或冷凍的皆可。綠色植物。薄片飼料。

最低飼養量：一對

最小魚缸規格：45 公分

活動範圍：中層到上層

相較於公魚，母魚偏銀灰色。當母魚準備要繁殖，腹部會鼓漲起來。

體長：公、母魚皆為 5 公分

▶ **產地**

印度恆河（Ganges）、拉馬
普特拉河（Brahmaputra，
即雅魯藏布江，流至印度的
部分改稱拉馬普特拉河）
及亞穆納河（Jumna，亦作
Yamuna）流域。

血紅麗麗

（*Colisa lalia*）

公魚的背鰭尖端比母魚顯得更有稜有
角，這是分辨血紅麗麗公母的最保險的
方法。顯得駝起的背部輪廓是麗麗魚典
型特徵。性情溫和，甚至有些害羞。

活在低溶氧環境的魚種必須游至水面換
氣以免窒息。在這類環境中，光靠魚鰓
無法提供足夠氧氣，迷鰓魚因而發展出
特殊的呼吸器官來處理此種狀況（亦可
見 155 頁）。

母魚

血紅麗麗公魚

健康警訊

特別留意水質狀況，若
忘了換水，魚隻將陷入
困境，魚鰭開始捲縮，
可能開始拒食，瑟縮在
魚缸一角。最糟的情況
下，牠們也許會遭受細
菌感染。

珍珠馬甲 • *Trichopodus leerii*[36]

最好把這些漂亮的魚養在較大的混養缸中，如此牠們才有足夠空間游動、能夠相互誇示。公魚色彩較為鮮豔，魚鰭也比母魚長。如果缸中有大量水草，那麼可以放心飼養數量超過一隻以上的公魚。公魚間也許會輕微追鬥，但幾乎不會造成任何傷害。

珍珠馬甲生命力強、壽命長，是水族新手的理想選擇。不過別讓水溫低於下方所列的最低溫度，若魚隻受寒，輕微症狀會拒食並躲藏起來，症狀壞一點則開始生病。

兼容性

謹慎挑選同缸魚種。避免任何可能會霸凌珍珠馬甲的魚種，像慈鯛便以具有攻擊傾向而聞名，若與之混養，珍珠馬甲會開始拒食，瑟縮在角落並失去體色。

▶ 理想飼養條件

水質：中性酸鹼值、軟水到微硬
溫度：24-28℃
食物：牠們喜食活的或冷凍的水生無脊椎動物，例如水蚤、孑子與紅蟲。薄片與植物餌料。
最低飼養量：一對
最小魚缸規格：90 公分
活動範圍：中層到上層

36　譯按：珍珠馬甲原來被歸類在 Trichogaster 屬，2009 年新屬別 Trichopodus 從 Trichogaster 屬中劃分出來，珍珠馬甲被重新歸在此類。相較於 Trichogaster 屬，Trichopodus 屬的魚隻完全發育時體型較大、背鰭與身體連接處的長度較短。

體長：公、母魚皆為 10 公分

▶ **產地**

馬來西亞、
蘇門答臘及
婆羅洲。

搖擺的魚鰭對食鰭魚種
是莫大引誘，受傷的魚
鰭可能感染水黴。

▶ **繁殖**

繁殖時，對魚會替魚卵
以及接孵化後的仔魚製
作泡巢（bubblenest）。

泡巢型魚隻的繁殖

絲足鱸科（*Gourami*）的魚隻用水面氣泡築成巢，中間常混雜幾片水草，可以讓泡巢更持久，但也有一些魚種將巢築於水草葉片下方或洞穴內。較大型的絲足鱸科魚種（如珍珠馬甲、銀馬甲、金萬隆、青萬隆）能產出已知超過兩千隻的子代，很明顯地，多數飼養者不會期望把牠們全部帶大。如果你企圖帶大所有仔魚，牠們會互相妨礙成長，也有可能使水質受大量排泄物污染，反讓仔魚遭受毒害。

水中硬度與酸鹼
值不重要，這款
魚能適應的水質
範圍很廣。

魚缸大小：
60×30×30 公分。

24-27℃。

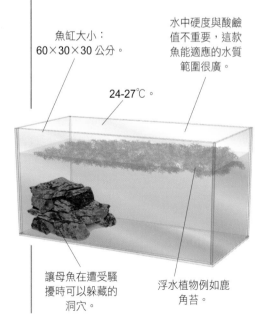

讓母魚在遭受騷
擾時可以躲藏的
洞穴。

浮水植物例如鹿
角苔。

153

青萬隆 • *Trichopodus trichopterus*[37]

因為容易飼養又好繁殖，青萬隆成為水族新手的最愛。這隻藍色、身上長有三個斑點的魚隻是水族貿易支柱之一。青萬隆尚有有金色與蛋白石型（opaline，如下圖所示）。牠是雜食性魚種，從薄片飼料到蒼蠅無所不吃。

　　要辨別亞成魚性別不是那麼簡單，然而，一旦牠們成熟，公魚會發展出比較尖的背鰭，體色也會更鮮豔一些些。繁殖期的公魚變得非常強勢，所以一旦交配完畢須將母魚移開。

　　青萬隆在魚缸中是非常有用的工具魚，牠們願意吃渦蟲，這樣你不用為了消滅渦蟲而添加化學藥劑，省下金錢與風險。

▶ 理想飼養條件

水質：中性酸鹼值、軟水到微硬
溫度：22-28℃
食物：小型水生無脊椎動物，例如水蚤、孑孓或紅蟲，活的或冷凍的皆可。薄片飼料。
最低飼養量：一對
最小魚缸規格：90 公分
活動範圍：中層到上層

這是「蛋白石型」的青萬隆。

37　譯按：香港稱藍曼龍、藍線鰭魚。台灣稱為藍三星、絲鰭毛足鱸、三星萬隆等，但在水族館多稱呼為青萬隆，另有體色偏黃者被稱為金萬隆。

體長：公、母魚皆為 10 公分

▶ **產地**

東南亞：緬甸、泰國、
馬來西亞與印尼。

呼吸空氣

許多魚種發展出從水中氣泡中獲取氧氣的能力，但在容易短期乾涸或污濁、不流動的池塘，以及因為植物腐敗、動物死亡而造成水質敗壞的環境中，發展出能夠從池水表面直接獲取氧氣的能力對魚隻生存至關重要。迷鰓魚擁有狀如迷宮的額外呼吸器官，由咽喉（*pharynx*）或鰓室（*branchial chamber*）分支而成，裡面裝著海綿結構，擁有非常大的表面積，上面佈滿微血管。空氣貯存在迷鰓，氧氣便可經由擴散作用進入上述微血管。

附加的呼吸器官

高度分支化
的迷鰓

潮濕的鰓上腔　　　　　　第一鰓弓
（suprabranchial cavity）

由於擁有迷宮器官（labyrinth
organ，即迷鰓），這些魚因而獲
得迷鰓魚這個稱號。

兼容性

雖然青萬隆對其他魚種相對和善，但同種公魚可能相互攻擊，隨年紀增長而更趨劇烈。如果牠們已把對方打受傷，將其中一隻公魚移到另個缸子也許是必要的。儘管如此，青萬隆仍是非常值得飼養的魚種，另外，要小心別讓其他兇暴魚隻欺負牠們。

接吻魚•*Helostoma temminckii*

大部分人飼養這款魚是為了目睹新奇畫面——接吻，不過這個動作跟魚隻間有沒有情愫無關，該動作其實是兩隻魚正在較勁力量，以決定魚群的啄序先後（地位高低）或地盤。除此之外，牠們是很溫和的魚種，鮮少造成外表損傷。絲足鱸科擁有正常腹鰭，想要區分性別幾乎是不可能的任務。

雖然接吻魚喜食藻類，你仍必須投餵其他餌料，給予薄片、冷凍餌料以及綠色植物。若能讓牠們習慣冷凍豌豆及萵苣葉，牠們以後就會選擇吃這些植物，而非啃食你的珍貴水草。為了獲取額外營養，接吻魚也能用鰓濾食浮游生物。

要讓接吻魚展現最佳體態，提供牠們充分且開闊的空間，用石頭、沉木與寬葉水草妝點。確保水質乾淨、經過充分過濾。

上圖：相較於粉紅色接吻魚，綠色接吻魚比較少在市面流通，但因為綠色的體色比較漂亮，所以滿值得嘗試。

隨角度不同而閃爍的粉紅色品系廣泛出現於水族貿易中。

因為無法分辨接吻魚性別，圖中是兩隻公魚正在較勁的可能性，和牠們是兩隻母魚或是一公一母的可能性一樣高。

野外接吻魚出現在低溶氧的環境，例如不大流動的溪流、沼澤與池塘。

體長：公、母魚皆為 15-30 公分

▶ **產地**

綠色接吻魚在緬甸、泰國、馬來西亞、印尼被發現；粉紅色的則首先發現於爪哇。

咖啡麗麗

（*Trichogaster chuna*）

咖啡麗麗來自印度阿薩姆與孟加拉，最大成體僅五公分，屬於絲足鱸科之中體型較小的魚種，是小型魚缸的理想選擇。閃耀如蜂蜜的顏色出現在公魚身上，其頭部與腹部則為深藍到黑色。咖啡麗麗偏好有茂密植物能躲藏的環境。就像所有絲足鱸科魚種，牠們在繁殖期變得有領域性，植物掩蓋能同時保護咖啡麗麗及缸中其他魚種。咖啡麗麗只能與性情溫和的魚種混養。

食藻幫手

能控制住藻類是管理魚缸上的一大驕傲，尤其是新設缸。無論你買的是綠型或粉紅型，放幾隻年輕咖啡麗麗進入剛設好的缸子，牠們會很樂意在缸中四處搜尋藻類。雖然牠們吃植物，但年輕魚傾向吃藻類而非水草，這讓咖啡麗麗成為既漂亮又有用的工具魚。缺點在於牠們會長得太大，可能超過一般魚缸適合適養的大小。

▶ **理想飼養條件**

水質：中性酸鹼值、軟水到微硬
溫度：22-28℃
食物：小型水生無脊椎動物，例如水蚤、孑子或紅蟲，活的或冷凍的皆可。綠色植物及薄片飼料。
最低飼養量：一隻
最小魚缸規格：90 公分
活動範圍：中層到上層

咖啡鼠 • *Corydoras aeneus*

咖啡鼠是水族新手的理想選擇，牠非常好養，而且所有的鼠魚在白天都非常活潑，跟其他鯰魚不同。咖啡鼠會挖砂尋找食物，所以須把牠們養在鋪有細緻、顆粒圓滑底砂的魚缸，這類底砂如河砂或小號矽砂，不適合的底砂可能會傷害鼠魚嬌嫩的觸鬚。牠們雖然挖砂，但不會將水草翻起，如果你仔細觀察牠們的動作，鼠魚是在過篩底砂，如同牠們在野外找尋底砂中的小蟲與其他小型無脊椎動物。當魚缸溫度在建議範圍內時，這隻強健的鼠魚會在魚缸中生長良好，甚至能短期忍受低達攝氏 10 度的水溫。

　　咖啡鼠是很普及的魚種，個體顏色差異大，現在流通的咖啡鼠大都是人工繁殖也是一個原因，像白子型咖啡鼠已在市面流通。

▶ **理想飼養條件**

水質：微酸到微鹼、微軟水到微硬
溫度：22-26℃
食物：小型水生無脊椎動物，例如水蚤、孑子或紅蟲，活的或冷凍的皆可。薄片、錠狀與顆粒飼料。
最低飼養量：兩隻
最小魚缸規格：60 公分
活動範圍：底層

兼容性

所有鼠魚都是群居魚種，牠們很樂意跟其他種的鼠魚游在一起，所以你不用同一種養一群。

此科別的成員體側都有兩列骨板。

多樣化的餌料，包含活餌與冷凍餌料，有助讓鼠魚顯現帶綠古銅的細微色調。

體長：公、母魚皆為 9 公分

▶ 產地

巴西東南部與烏拉圭的沿海河川。

▶ 繁殖

受精時，母魚用呈杯狀的腹鰭裝盛兩到三顆的卵，然後將卵按到葉片上。若用剛孵化的豐年蝦餵食，仔魚會成長迅速。

此色型能讓魚缸增添趣味。

白鼠

（*Corydoras aeneus*[38]）

白子最初是因自然突變而缺乏黑色素，不過現在是被「訂製」的。成熟個體可以長至 7 公分。

螢光綠鼠

（*Corydoras sp.*）

透過餵食來增強天然體色，此手法對顏色特別淡的鼠魚也許有效，而且這是道德上完全被接受的行為；相較下，把大量生產的熱帶魚藉注射來染色則屬於不被接受行為（雖然這種行為仍然存在，尤其使用在玻璃魚上）。若你懷疑你的水族店家刻意販售染色魚，到另一間去買吧！不應該為了讓魚隻顯得與眾不同而濫用這類非自然手段。

38　譯按：「白鼠」即咖啡鼠的白子。
39　譯按：兵鯰 Armoured catfishes，又被稱為裝甲鯰，因為兩體兩側都有兩列重疊骨板覆蓋，彷彿胄甲一樣而得名。異型所屬的 Loricariidae 科中文為「甲鯰科」，跟鼠魚的裝甲鯰一辭容易混淆。

滿天星鼠•*Corydoras sterbai*[40]

鯰魚中的鼠魚長久來都是混養缸中受歡迎的魚種，現在鼠魚種類更是多得前所未見，滿天星鼠就是新物種中很出色的一款，魚隻身上佈滿條紋及斑點，複雜紋路讓牠在魚缸中魅力四射。所有鼠魚都需要被成群飼養，即使牠們常花上不少時間獨自覓食，但休息時牠們總選擇依靠在同種鼠魚身旁。鼠魚的敏感觸鬚有助於搜索底砂中的食物。在魚缸環境，牠們喜好沿開放區域設置幾塊茂密水草的環境，滿天星鼠可在下頭覓食。

▶ 理想飼養條件

水質：軟水到中性硬度、中性到微酸
溫度：20-26℃
食物：沉底飼料、定期餵食冷凍餌料或活餌，例如紅蟲。
最低飼養量：三隻
最小魚缸規格：60 公分
活動範圍：底層

相較於公魚，成熟母魚會變得非常圓胖。

▶ 繁殖

母魚比公魚要來得圓滾，一小批具黏性的卵會被產在水草葉或其他平坦的物體表面，卵將於四至五天內孵化。亞成魚會吃水蚤或豐年蝦。

右圖：若空間與食物適宜，像圖片最上方的亞成魚在大約六至八個月即能長到可繁殖的大小。

40　譯按：國內又稱為珍珠鼠、金珍珠鼠、紅翅珍珠鼠等。

體長：公、母魚皆為 8 公分

▶ 產地

巴西的瓜波河
（*Rio Guapore*）。

理想水質

金翅帝王鼠偏好微酸水質，你購買魚隻的店家，應該要讓魚隻在被購買前即已適應當地水質。

短吻金翅帝王鼠

（*Corydoras gossei*）

把短吻金翅帝王鼠的柔和體色跟珍珠鼠充滿斑點的外表放在一起，就可以瞭解鼠魚類群的紋路差異有多大。短吻金翅帝王鼠身體顏色較深，但下方顏色很淡，加上黃色魚鰭，讓這款鼠魚在深色底砂環境的對比下變得格外好看，這也剛好是他們喜歡的底砂顏色。鼠魚種類很多，因為他們廣泛分佈在所有流往亞馬遜河盆地的南美洲支流中，每條支流幾乎都有各自的鼠魚物種。短吻金翅帝王鼠成體可達 5 公分，來自玻立維亞的馬莫雷河（*Mamoré River*）。

若能跟一群滿天星鼠養在同一缸，短吻金翅帝王鼠甚至會表現得更好。

圓形細粒底砂或河砂能避免讓嬌嫩的鼠魚鬍鬚受到損傷。

長吻戰車鼠 • *Dianema longibarbis* [41]

長吻戰車鼠非常適合在較大的混養缸跟體型中等、性情溫和的魚種混養。牠們喜歡有大量游動空間，以及一些無遮蔽底砂供覓食。牠們跟鼠魚關係相近，並如鼠魚一般藉篩濾底砂覓食。要確認底砂是細緻、呈圓形的顆粒，這樣長吻戰車鼠的嬌嫩觸鬚，甚至是眼睛，才不會在挖掘太深時受到損傷。

　　挑選你的魚隻時，選擇那些活潑的，要留意魚鰭，尤其是尾鰭是否維持良好。水質惡化或魚缸環境不適當致長吻戰車鼠開始感覺不舒服時，牠們顯露的第一徵兆就是魚鰭捲曲夾起，觸鬚退化緊接而來。挑選魚隻時要避開有上述徵兆的。

　　長吻戰車鼠接受大部分小型餌料：活餌、冷凍餌或乾飼料。牠們通常偏好在黃昏與清晨覓食，所以可在你開燈之前放一些錠狀飼料到缸子裡。

▶ 理想飼養條件

水質：微酸到微鹼、微軟水到微硬水

溫度：22-26℃

食物：小型水生無脊椎動物，例如水蚤、孑子或紅蟲，活的或冷凍的皆可。薄片、錠狀與沉水顆粒飼料。

最低飼養量：兩隻

最小魚缸規格：90 公分

活動範圍：底層到中層

▶ 繁殖

這款魚很少繁殖。牠會築泡巢，公魚體型較為纖細，會守護魚卵與仔魚。

健康的魚隻會表現出良好體色與魚鰭狀態。

41　譯按：雖然冠上鼠字，但一般所稱的鼠魚為 Corydoras 屬，長吻戰車鼠並不屬之。

體長：公、母魚皆為 9 公分

青銅鼠

（*Corydoras splendens*）

較長的背鰭是明顯線索，顯示這款來自秘魯、厄瓜多（*Ecuador*）與巴西河川的美鯰科魚種並不是真正的鼠魚[42]，即使牠們與鼠魚關係密切。成體可長至 7 公分，相較於鼠魚，青銅鼠更為強壯，魚身較高，有顆更大的頭以及更長的魚吻。不過，在性情上，兩個屬別殊無二致。魚卵大而具有黏性，可附著在垂直或水平平滑表面。

▶ **產地**

秘魯的亞馬遜區域。

在不良魚缸環境，或鋪設不適合底砂時，觸鬚會被侵蝕，或完全退化並成為感染細菌的溫床。

上圖：若能以四到六隻成群飼養，青銅鼠會顯得更活潑。牠們偏好較深的魚缸。

42　譯按：青銅鼠原本是 Brochis 屬別，但 2003、2011 都有研究說明 Brochis 不足以成為一個獨立屬別，故現在該屬別的魚種現在都被歸到 Corydoras 屬了。

熊貓異型 • *Hypancistrus zebra*[43]

看到牠極漂亮的花紋，就不難理解為何熊貓異型在水族市場的需求性總是那麼高。在野外，熊貓異型生活在能照到日光、以碎石為底的淺水中，花紋做為保護色，想從水上看到牠們難得出奇。熊貓異型是中性到軟水魚缸的理想魚種，牠既不會長得像部分異型那麼大，同時還是優秀的食藻魚。屬夜行性，白天藏身在沉木或擺飾下方，傍晚才會現身，晚上開始啃食藻類。

▶ **理想飼養條件**

水質：微酸到中性、微軟水到中等硬度

溫度：23-26℃

食物：植物性沉底飼料，確認熊貓異型能獲得牠應分配到的餌量。

最低飼養量：一隻

最小魚缸規格：60 公分

活動範圍：底層

流通性

熊貓異型的價格波動震盪是一大問題，不過隨著人工繁殖漸增的趨勢，價格有望來到每個人都能接受的價位。

特殊花紋讓熊貓異型贏得了除了 Zebra catfish 外的另一個英文俗名——Humbug catfish（一種黑白條紋交織的薄荷糖）

43　譯按：異型品種眾多，故常採用 L 編號來替代魚名，同樣的情況也見於鼠魚。熊貓異型編號為 L046。

▶ 產地

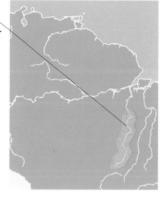

南美辛古河
流域。

▶ 繁殖

熊貓異型會在洞穴之類的地方
產下一小批卵，由公魚顧卵，
兩隻親魚都會負責守衛與保護
地盤的工作。

公魚胸鰭前緣有
許多刺針。

豹貓

（*Pimelodus pictus*[44]）

豹貓擁有銀色反光魚身，在水族魚種中
不只一款魚具有此特徵，但該特徵表現
在豹貓上格外引人注意。其他豹貓特徵
包含特殊的花紋、長鬚，以及用不完的
精力。鰭條帶有尖銳鋸齒，可割傷人，
要小心處理。千萬不要企圖用網子撈
捕這款魚，豹貓會糾纏在網內，無法掙
脫，建議使用袋子或堅固容器撈捕。成
體可長至 15 公分，此時開始習慣性吃
魚，能吞下 5 公分小魚，故不適合放在
混養缸。

上圖：豹貓光滑的銀色魚身在黑色背景對
比下呈現極搶眼的畫面，其觸鬚十分細
長。

44　譯按：國內學界稱為「平口油鯰」，水族店家則習慣稱呼牠為豹貓。

鬍子異型 • *Ancistrus spp.*[45]

鉤鯰屬（Ancistrus）中有幾個物種長得非常相似，這些魚在缸中的行為及需求也十分雷同。藻類會困擾每位水族愛好者好一段時間，這些小型鯰魚能幫讓我們擺脫藻類問題，不過，牠們放入口中的不單藻類而已！鬍子異型甚至會啃食其他寬葉水草，若你沒有額外餵食牠們綠色植物，例如萵苣、櫛瓜（courgettes）與豌豆。鬍子異型總是吃個不停，缸中藻類的生長量常常無法滿足牠們，所以必須額外投餵食物。

　　提供鬍子異型遮蔽處供其白天藏身，以及無遮蔽底砂供其晚上挖掘。牠們喜歡乾淨、澄清、高溶氧水質，一旦溶氧量下降，例如天氣過熱導致，鬍子異型會移往靠近水面處，因為那邊的溶氧高一些。一個優良外置過濾器配上雨淋管或額外打氣都有助於舒緩低溶氧情況。

▶ 理想飼養條件

水質：微酸到中性、軟水到微硬
溫度：22-27℃
食物：綠色植物加上小型水生無脊椎動物，尤其是冷凍紅蟲。有接受薄片與錠狀飼料的可能性。
最低飼養量：一對
最小魚缸規格：90 公分
活動範圍：底層

▶ 繁殖

鉤鯰屬是異型中最容易在魚缸中繁殖的種類，公魚會保護產在岩石或洞穴下方的魚卵。

公魚的大叢「鬍子」（bristles）長在頭部上方與周圍，母魚只在魚吻附近有一排非常細的鬍子。

　　45　譯按：鬍子異型是個統稱，下面有數種，例如滿天星大鬍子、藍眼大鬍子、哈密瓜大鬍子、雪球大鬍子等，各自有 L 編號。

體長：公、母魚皆為 12 公分

▶ 產地

南美熱帶區域

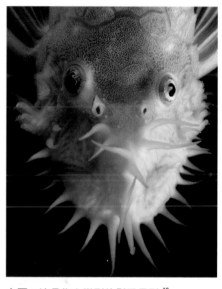

上圖：這是隻白變型的鬍子異型 [46]。

兼容性

鬍子異型具有領域性，若你的魚缸太擁擠，牠們會跟其他底棲魚以及同種打鬥。

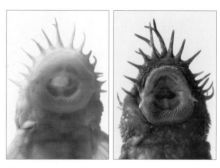

上圖：在野外，魚隻用吸盤吸附物體表面以避免被水流沖走。

46　譯按：雖然國內習慣稱為鬍子異型白子，但白變與白子並不相同，詳情可見 91 頁的金四間。

小精靈 • *Otocinclus sp.*⁴⁷

這隻小型鯰魚喜歡住在茂密草缸，偏好有體型小、性情溫和的魚種陪伴。如同其他甲鯰科魚種，小精靈擁有粗壯的棘條，三列骨板覆蓋魚身，具保護功能，撈捕這隻魚時，須小心牠們可能會糾纏在撈網中，此時別企圖拔離魚隻，把撈網放入水中讓魚隻自行掙脫或仔細地把網子剪開。

要記得這隻魚主要為草食性，牠是最佳食藻魚之一，不過絕大部分魚缸無法長出足夠藻類餵飽小精靈，因此你必須額外餵食植物性餌料，最簡單的方式是使用冷凍豌豆或把萵苣葉「植」入底砂，小精靈就會去吃了。務必確保在萵苣葉與豌豆腐敗前把它們撈出。

如果水質開始惡化，小精靈會感覺不舒適，他們將拒食、懸掛在靠近水面處。定期換水以及高效過濾器有助於避免這類情形。

食藻幫手

篩耳鯰屬（*Otocinclus*）是受歡迎的食藻魚，其中幾種在市面流通。相較於以往常使用的青苔鼠（*Gyrinocheilus aymonieri*）常逐漸發展出攻擊性，溫和的小精靈更適合做為魚缸工具魚。小精靈會啃食整個缸子的藻類，但藍綠藻及黑毛除外。

▶ 理想飼養條件

水質：微酸到微鹼、微軟水到微硬
溫度：20-26℃
食物：接受薄片與錠狀飼料。藻類以及綠色植物。
最低飼養量：兩隻
最小魚缸規格：45 公分
活動範圍：底層到中層

---

47 譯按：在國內以小精靈為名販售的至少有三種魚：O. vittatus、O. huaorani 以及 Macrotocinclus affinis。彼此長相相似，非常難以分辨。

體長：公、母魚皆為 4 公分

▶ **產地**

巴西里約熱內盧（Rio de Janeiro）之中流速快的溪流。

▶ **繁殖**

小精靈將卵產在水草葉片上，魚卵孵化須花上七十二小時，仔魚需要非常細小的活餌及綠色植物。

這是小精靈典型的休息姿勢，年輕魚隻會用腹鰭抱住水草葉片。

蝴蝶異型

（*Dekeyseria pulchra*[48]）

這是一款不會為混養缸帶來太多麻煩的異型，因為白天大部分時間牠都躲在石頭或植物底下，晚上才在魚缸中四處翻找牠最喜歡的食物——藻類。無論你如何嘗試，魚缸中藻類的生長速度永遠趕不上蝴蝶異型吃的速度，所以務必提供牠額外食物，包含萵苣、冷凍豌豆、櫛瓜及馬鈴薯。儘管蝴蝶異型為草食性，牠們卻不大理會水草，既不會把水草挖出，也不啃食水草。繁殖習性目前所知甚少。

蝴蝶異型需要乾淨的水，高溶氧的環境。對混養魚品種不挑，牠們多半各管各的，不過蝴蝶異型有跟同類處不好的傾向，特別當空間無法讓每隻都擁有各自領域時。一個 60×30 公分的缸子建議只養一隻，若是 90 公分的缸子，也許能養上兩隻。

皇冠直昇機•*Sturisomatichthys panamensis*

外型令人驚艷的皇冠直昇機是很值得入手的魚種，如果你有個較大、運作良好的混養缸，裡面又沒有其他魚種會啄食鯰魚飄逸魚鰭的話。這款魚不適合剛設立的缸子。

　　要讓皇冠直昇機保持健康，須特別留意水質，應將牠們飼養在具備強大過濾、高溶氧的環境。牠們以綠色植物為食，也接受市售沉底飼料，更遑論冷凍及活的紅蟲、水蚤。即使是底棲魚種，牠們照樣鍾愛水蚤，捕捉水蚤的模樣還非常滑稽呢！

　　幫皇冠直昇機保留無遮蔽區域，讓牠們能在底砂覓食。這款魚也會啃咬沉木及水草，假若能提供足夠植物餌料，牠們亂啃的情形能改善，幾乎不傷水草。

▶ 繁殖

這款魚能在人工環境繁殖，牠們常把卵產在缸壁上，公魚之後會守護並清理魚卵。仔魚需要非常細小的食物，例如滴蟲（極小的纖毛蟲）。

繁殖期的公魚長出頰鬚，從上方俯視，其體型也比母魚來得更細長。

▶ 理想飼養條件

水質：微酸到微鹼、微軟水到微硬
溫度：22-27℃
食物：小型水生無脊椎動物，例如水蚤、孑子或紅蟲，活的或冷凍的皆可。薄片飼料。藻類與綠色植物。
最低飼養量：一對
最小魚缸規格：90 公分
活動範圍：底層到中層

體長：公、母魚皆為 25 公分

直昇機

（Farlowella vittata[49]）

這款直昇機來自巴西，成體可達 15 公分，是魚缸中很獨特的存在。這隻魚類世界的「竹節蟲」外型流線，非常優雅地歇息在石頭、水草葉片或根部上，但游泳姿勢就顯得非常笨拙了，部分原因在於過長的身型，另個原因是體表具保護功能、如盔甲般的鱗片限制牠的動作，也讓牠無法長距離游動。直昇機性情溫和，屬底棲魚種，偏好魚缸中設有藏身處所，他們會躲在其中避免遭受莽撞魚種騷擾。

▶ 產地

中美洲：巴拿馬。

左圖：長長的鞭尾（whiptail）延伸連接尾鰭，皇冠直昇機藉由將尾鰭左右或向前彎曲擺動，做為搜尋食物的探測器。

右圖：直昇機嘴邊的吸盤雖然小，但非常有力。公魚會使用牠們的長鼻子將初生仔魚聚集在一起。

49　譯按：又被稱為「飾紋管吻鯰」。

倒吊鼠•*Synodontis nigriventris*

因為奇特的泳姿，倒吊鼠永遠是話題焦點。在野外，倒吊鼠棲息在漂流木、植物下方，藉由肚皮朝上的游泳方式，覓食落在水面的昆蟲或像是孑子等獵物。體色搭配牠們的習性：深咖啡色魚腹讓經過的掠食者，例如鳥類，從高處俯視時不容易發現倒吊鼠；當與漂流木、爛草堆混雜在一起時，淺棕色的魚背讓倒吊鼠不易被水深處的掠食者察覺。雖然在清晨與黃昏顯得最為活潑，不過任何時候你都可以用食物把牠們引誘出來。倒吊鼠會吃水面的薄片，也願意翻正身體，用「正常姿勢」吃底砂上的顆粒或錠狀飼料。這款性情溫和的魚種對混養缸環境頗為自在。

▶ **理想飼養條件**

水質：微酸到微鹼、微軟水到微硬
溫度：22-26℃
食物：小型水生無脊椎動物，例如水蚤、孑子或紅蟲，活的或冷凍的皆可。薄片飼料。
最低飼養量：六隻
最小魚缸規格：60 公分
活動範圍：底層到上層

健康確認

如果水質有任何問題，倒吊鼠的觸鬚即開始消失。當此情況發生時，建議進行換水並確認過濾系統是否運作正常。

若魚缸中有長至頂水的水草以及成拱狀的沉木供藏身，倒吊鼠會覺得有安全感。

枝狀觸鬚增加倒吊鼠的感知面積，有助覓食。

在完全成熟之前，倒吊鼠的性別都難以分辨。成熟後，母魚較為圓鼓，體色較淺。

體長：公魚 7.5 公分、母魚 10 公分

▶ **產地**

中非：薩伊盆地。

倒吊鼠的繁殖

把一對魚養在密植水草的 *45 公分魚缸中*，用大量的活餌餵食，將他們調養至繁殖狀態。由於倒吊鼠是季節性繁殖，換言之，在他們交配前可能要花上數個月。

　　一旦適應新環境，對魚會標出特定洞穴做為巢。待進入繁殖狀態後，他們會在底砂挖出一個小坑，將卵產在坑內。由於倒吊鼠多半選擇上方有遮蔽物的地方挖坑，而且時間多在晚上，你很可能無法馬上察覺他們交配了。親魚雙方都會顧巢，並有護幼行為。

設定溫度為攝氏 26 度。

水蘭

小型椒草

魚缸大小 60×30×30公分。

軟且略酸的水 （pH 6.5）。

用造景石及沉木堆疊出幾個洞穴。

砂質底砂

▶ **繁殖**

這條魚已有人工繁殖。公魚較為細長，體型較小，孑孓是最好的天然食物，能調養他們進入繁殖狀態。卵被產在底砂中較為低窪的地方，兩隻親魚都會照顧卵與仔魚。

173

玻璃貓 • *Kryptopterus bicirrhis*

玻璃貓通常是混養缸中最後才被考慮的選擇，因為很多人誤認牠們是食腐魚種，所以不太吸引人……這真是大錯特錯。玻璃貓是中層水域群居魚種，白天非常活潑，食性與燈魚、魮魚相同，況且玻璃貓還具有額外的魅力：你可以完全透視牠們。魚隻前半身的銀色體囊裝著脆弱的器官，透明魚身讓你能夠輕易地觀察牠們的脊椎與鰭條，你甚至可以直接看到牠們身後的水草呢！

　　儘管外表奇特，玻璃貓的飼養並沒那麼難：確認水質維持在一定水準、提供強度適中的水流（牠們喜歡在水流中游動）。建議最少養四隻，單一個體容易覺得沒有安全感而躲起來，甚至拒食，最後可能死亡。歇息時，玻璃貓會呈一個角度吊著，但游動時牠們又會恢復水平姿勢。

▸ 理想飼養條件

水質：微酸到微鹼、微軟水到微硬
溫度：21-26℃
食物：小型水生無脊椎動物，例如水蚤、孑孓或紅蟲，活的或冷凍的皆可。薄片飼料。
最低飼養量：四隻
最小魚缸規格：60公分
活動範圍：中層到上層

游動時，玻璃貓呈水平；休息時，玻璃貓的尾部朝下，魚身抬起呈斜線。

▶ 產地

泰國、馬來西亞
與印尼。

兼容性

玻璃貓性情溫和，適合跟 4 公分或
大一點的魚種混養。大的玻璃貓可
能吃掉仔魚，甚至小隻日光燈。

▶ 繁殖

玻璃貓的繁殖習性目前所知甚
少，有少數意外繁殖的記錄，
發現時仔魚已經出現在魚缸
中。仔魚可用滴蟲開口，之後
改以水蚤餵食。

魚鰾

多數硬骨魚具貝魚鰾做為靜水壓平衡的
器官，或說控制浮沉的器官，魚鰾能讓
魚隻維持在任何水深，不致下沉或浮
起。欲維持在固定水深，魚隻體內密度
必須和周遭完全相同，為達此目的，淡
水魚的魚鰾（下圖銀色體囊裡面）大小
必須佔魚隻體積 *7-8%*。

多數淡水魚的魚鰾
有根導管與硝化道
相連。

魚鰾通常在脊椎的正下方，為浮力重
心，魚鰾所在位置決定當魚隻休息時是
呈頭上腳下、頭下腳上或水平的姿勢。

網球鼠•*Ambastaia sidthimunki* [50]

網球鼠性情溫和，白天喜歡四處探索，屬於
活潑魚種。務必成群飼養，這樣牠們才能彼
此互動。雖然網球鼠明顯是底棲魚，但你不
時可看到牠們在寬葉水草，例如皇冠草葉片
上休息的模樣。鋪設細質底砂，讓牠們能夠
在上面翻找食物，又不致對觸鬚造成明顯傷
害。在魚缸完全穩定以前——要花上大約三
到六個月，別讓網球鼠下缸，一旦放入剛設
好的魚缸，牠們很容易出問題。想讓網球鼠
保持健康，定期換水勢不可免。

▶ 理想飼養條件

水質：中性到微酸、微硬水
溫度：25-28℃
食物：小型水生無脊椎動物，
例如水蚤、孑孓或紅蟲，活的
或冷凍的皆可。錠狀飼料及薄
片飼料（一旦沉到底部）。
最低飼養量：六隻
最小魚缸規格：60公分
活動範圍：底層到中層

---

50 譯按：網球鼠如同之後會介紹的三間鼠，雖然有個「鼠」字，但牠們都是鰍魚，而
非典型的鼠魚（corydoras）。

▶ 產地

泰國以及馬來西亞北部。

▶ 繁殖

外觀無明顯性別差異，缺乏繁殖相關資訊。

左圖：網球鼠眼睛下方有一根小刺（裂為兩個尖頭），可以隨魚隻需要而豎起或放倒，可作為一種防禦。當他們張開這根刺時，有時會發出能聽得到的喀啦聲！

金斑馬鰍

（*Botia histrionica*）

曾經被稱為 *Botia dario*，金斑馬鰍來自印度，是一款被亞洲繁殖場特意繁殖的魚種，但他們很少在家庭魚缸中繁殖。成體可達 *6.5* 公分。

金斑馬鰍

突吻沙鰍

突吻沙鰍

（*Botia rostrata*）

這隻擁有適度好戰性的魚隻來自印度及緬甸，除了叫 *polkadot loach*（波卡圓點鰍）外，又被稱為 *ladder loach*（梯子鰍）。母魚體型較大，身上淺色斑點較少，目前這款魚尚無成功在魚缸內繁殖的消息。雖然與魷魚、斑馬魚同科，[51] 但鰍魚演化為棲息於棲地底部的魚種。

51　譯按：原作者表示 they belong to the same family。但事實上牠們並非同科別，魷魚、斑馬魚同為鯉科，而鰍魚屬鰍科。三者同為鯉形目（Cypriniformes）

蛇魚 • *Pangio kuhlii*

蛇魚在晚上比較活潑，白天多藏身於植物根部間或角落及縫隙中，在傍晚光線漸暗時出來覓食。如果你的魚缸中有塊遮蔭處（可用寬葉水草營造），蛇魚會感覺安全，很快就願意出來覓食。

這隻身型長且細的魚種擅於鑽入底砂中的浪板下方，也會鑽進過濾器入水管線，一路游進外置過濾器。對此你既沒什麼能做的，也不須為此做些什麼，因為蛇魚鑽出就跟牠們鑽入一樣容易。永遠記得替入水口套上炸彈頭這類防吸入裝置，當換水時也務必確認換水桶底部沒有蛇魚，不要把牠們沖進馬桶。

因為蛇魚很喜歡鑽入底砂，故建議使用細緻底砂，粗顆粒會磨傷牠們的身體。蛇魚的鑽砂習性有些煩人，也會讓撈捕變成一大挑戰。

▶ 理想飼養條件

水質：微硬水、微酸
溫度：24-28℃
食物：小型水生無脊椎動物，例如水蚤、孑孓或紅蟲，活的或冷凍的皆可。錠狀飼料及薄片飼料（一旦沉到底部）。
最低飼養量：一隻（但兩隻會更好）
最小魚缸規格：60 公分
活動範圍：底層

▶ 繁殖

蛇魚已經被人工繁殖，牠們產下淺綠色魚卵，卵黏附在浮水植物的葉片、莖部及根部。

撈捕蛇魚時，試著使用兩張網，一張抵住底砂固定不動，並緊靠缸壁，另一張溫柔地驅趕魚隻，誘使入網。

體長：公、母魚皆為 12 公分

▶ 產地

東南亞：馬來西亞、
新加坡、蘇門答臘、
爪哇以及婆羅洲。

蛇魚的繁殖

由於這物種傾向產卵於水面植物，
包含飄在水面的茂密水草，選擇水
下根部發達的浮水草種，例如大萍
（*Pistia stratiotes*），而非青萍（*Lemna
minor*，即浮萍）。

大萍
（Pistia stratiotes）

魚缸大小
60×30×30公分。

設定溫度為攝氏
24 到 27 度。

軟水，pH6.0-6.5
的酸性水質。

設置大量植物、水
管以及讓成魚可以
躲藏的洞穴。

性別差異

繁殖期的母魚抱卵而顯得鼓胖，除此之
外幾乎無法分辨蛇魚性別。

三間鼠•*Chromobotia macracanthus*

從魚隻外表不難理解為何三間鼠是水族愛好者的最愛,即使當中很多人都不曉得這款魚可以長到多大。三間鼠需要空曠的游動區域以及大量躲藏空間,牠們偏愛開放型的孔洞,洞穴或一截竹子都非常適合。三間鼠有個十分著名的習性,牠們很愛側躺或用各種奇怪姿勢躺著,初次見到此畫面很容易以為魚隻生病了,有此誤解實屬正常,但魚隻其實是沒問題的。儘管三間鼠外表看來粗壯結實,牠其實是非常嬌弱的魚種,只有在穩定成熟的缸子才能表現良好。與多數沙鰍屬(Botia)魚種一樣,三間鼠對很多水族藥物敏感,所以下藥前務必閱讀藥品說明。多樣化餌料是維持健康與優良體色的基本條件,三間鼠總在飼養數量超過三隻時表現最佳。

▶ **理想飼養條件**

水質:酸性到中等鹼性、軟水到中等硬度
溫度:25-30℃
食物:沉底的圓片飼料。定期餵食冷凍餌料,例如紅蟲與豐年蝦
最低飼養量:三隻
最小魚缸規格:120 公分
活動範圍:底層

三間鼠體表光滑無鱗,這讓牠看起來更漂亮,但也因此更容易感染體表寄生蟲。

體長：公、母魚皆為 30 公分

▶ **產地**

蘇門答臘、婆羅洲
與印尼的流水或靜
水中。

弓箭鼠

（*Yasuhikotakia morleti*）

弓箭鼠可長至 10 公分，因為背部的顯
眼線條而得名。適合放在中型混養缸，
須慎選同缸魚種，小型、害羞或游動速
度慢的魚種都會遭受弓箭鼠騷擾，大一
點的燈魚、鰍魚與鯰魚才是跟弓箭鼠混
養的好選擇。這魚隻喜歡挖砂，為他們
鋪設細緻的砂質底砂。水質應該維持酸
且軟。

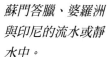

▶ **繁殖**

基本上，三間鼠無法在在家庭魚缸中
繁殖。只有在野外受到一年一次的環
境刺激才會交配，魚隻在雨季剛開始
的激流中繁殖下一代。

弓箭鼠的英文名除 Skunk loach
（skunk 為臭鼬之意）外，又被稱為
Hora's loach，[52] 習性晝伏夜出。

52　譯按：1931 年被採集時被認為是另一個魚種，取名為 Botia horae。

黃金火焰鱂 • *Aphyosemion australe*

雖然一般不認為黃金火焰鱂是適合混養的魚，你仍可把這隻鮮豔魚種跟其他小型、溫和、有相同需求的魚養在一起，但最好別跟其他 Aphyosemion 屬魚種放在同缸，因為母魚外表十分相似，當你想繁殖牠們時，很有可能會分不出誰是誰，而且同屬之間有雜交的可能。用細葉水草以及一、兩株漂浮水草作為魚隻的藏身處。

　　過濾系統產生的水流要非常柔和，黃金火焰對糟糕水質的耐受性低，所以別過度餵食，未吃完的餌料會快速污染水質。

　　鮮豔的公魚很受歡迎，不過魚隻多半以成對或一公兩母的方式販售，公魚會不停追求母魚。儘管存在「鱂魚壽命很短」的普遍迷思，[53] 黃金火焰鱂其實可活到三年。

▶ **理想飼養條件**

水質：酸性、軟水
溫度：21-24℃
食物：喜食小型活餌，很快可接受冷凍餌料，也可以提供薄片飼料。
最低飼養量：一對或一公二母
最小魚缸規格：45 公分
活動範圍：偏下層

▶ **繁殖**

魚隻會將卵透過一條絲線勾掛在水草上，使用繁殖用的拖把布亦可達此效果。一天卵量介於十至二十顆。你可以把掛滿卵的拖把布移到另一個魚缸等候孵化，並在原缸放置一束新的拖把布。

如未慎選同缸魚種，黃金火焰拖長的魚鰭很快就會被咬掉

53　譯按：鱂魚可分為「一年生」與「多年生」，Aphyosemion 如黃金火焰為多年生魚種。非洲的漂亮寶貝（Nothobranchius rachovii）或南美的輻射珍珠鱂（Hypsolebias fulminantis）則屬於一年生，壽命較短。一年生、多年生的主要差別不在壽命長短，而在於因原生環境不同（是否為乾濕季分明、乾季池水會不會乾涸）演化出迥異的生存及繁殖策略。
54　譯按：國內習慣稱黃化變異者為黃彩鱂，藍色的為藍彩鱂。

體長：公、母魚皆為 9 公分

▶ 產地

加彭西南部與剛果東北部。

安全至上

鱂魚是跳高好手，務必記得幫魚缸加蓋。

黃彩鱂

（*Fundulopanchax gardneri*[54]）

這是一隻黃化變異個體，成體可長至 6 公分。公魚（如圖所示）顏色鮮豔，不同亞種的母魚外觀差不多，都是很淺的棕褐色。魚隻適合用光線昏暗的單一品種缸飼養，採「淺土繁殖」，將卵產在底部沉積物上。[55] 採三隻母魚配一隻公魚的比例可以收到最多卵。

藍彩鱂 *"nigerianum"* 型

（*Aphyosemion gardneri nigerianum*[56]）

英文俗名為 *Steel-blue lyretail*（鋼鐵藍琴尾鱂），這個名字對這隻漂亮如寶石的魚來說太不公平了！任何一個繪製這隻魚的畫家都會被指控他太讓想像力任意奔馳，即使畫家只是把魚隻如實繪出。顏色堪比人工培育的孔雀魚，但這隻鱂魚是野生的。來自奈及利亞，成體可長至 6 公分。

55　譯按：黃彩鱂其實也會將卵產在拖把布、毛線布上，即兼具多年生的繁殖方式。
56　譯按：同一種鱂魚因為表現不同或採集地不同而可以分為不同型，此還有由繁殖場特別培育出來的各種品系，例如白子、黃化等。

美國旗 • *Jordanella floridae*

這隻圓滾滾的魚種並非常態流通，不過這是一款有意思的魚。母魚身體更為豐滿，背鰭末端長有一顆深色斑點，公魚顯得比較細長，花紋較為明顯。美國旗是養在未加裝加溫或降溫設備小缸的優秀選擇，活潑可愛而且身強體壯，適合任何程度的水族愛好者飼養。屬草食性，須餵食足夠的植物餌料。

兼容性

美國旗對其他同缸魚非常溫和，但對同種非常兇暴。解決辦法有二：單缸單隻飼養，或一缸飼養六隻以上來分散相互攻擊的力道。

公魚比母魚
要鮮豔

母魚的背鰭末端
生有一顆黑斑

美國旗隱藏著相互
攻擊的惡習，隨時
有可能爆發

體長：公、母魚皆為 6 公分

▶ 產地

佛羅里達州的奧克洛科尼河（Ochlockonee river）與聖約翰河（St. Johns river）流域，尤其在茂密植被的和緩流水中。

▶ 理想飼養條件

水質：要求不高，可被養在汽水中（brackish water）[57]

溫度：18-22℃

食物：薄片、乾餌料、活餌與冷凍餌料。美國旗也會吃藻類。

最低飼養量：一或六隻

最小魚缸規格：45 公分

活動範圍：主要在中上層

繁殖

很多水族玩家聽到鱂魚有顧卵及護幼行為時感到十分驚訝，美國旗也屬於這類會照顧卵的魚種。牠們在略暖的環境、濃密水草間交配。公魚會挖個小坑，母魚將卵產在裡頭，大約一週多時間，對魚可產下多達七十顆魚卵。魚卵大多由公魚守護（會驅離母魚以及其他魚隻），直到魚卵孵化、仔魚能夠自由游動。

水溫攝氏23度。

魚缸大小 30×20×20公分。

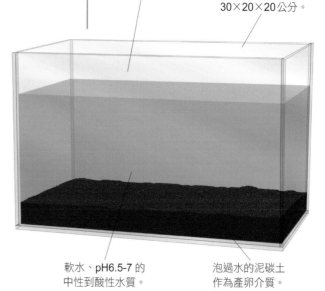

軟水、pH6.5-7 的中性到酸性水質。

泡過水的泥碳土作為產卵介質。

57　譯按：汽水域指河海交界處的水域，鹽度介於淡水與海水間。

石美人 • *Melanotaenia boesemani*

石美人是一款較大的彩虹魚，性情活潑，需要夠大的魚缸且保留大量無遮蔽空間讓牠游動。喜歡乾淨、澄澈的水，無須強勁水流，過濾器產生的和緩水流就足夠了。

買魚時務必確保自己挑的魚中有公有母，成魚的性別分辨相當容易，公魚具有美麗的藍色、黃色體色。最好購買亞成魚，讓魚隻自行配對。要曉得歷經數代人工繁殖後，原來鮮豔的體色會一代不如一代。餵食石美人大量活餌及冷凍餌料，例如紅蟲，能讓魚隻保持光彩。

▶ 理想飼養條件

水質：微酸、軟水到微硬
溫度：24-30℃
食物：小型水生無脊椎動物，例如水蚤、孑孓或紅蟲，活的或冷凍的皆可。薄片飼料。
最低飼養量：四隻
最小魚缸規格：90 公分
活動範圍：中層

兼容性

石美人面對其他體型、性格相似的魚種非常自在，尤其當這些「室友」不屬於群居魚種，不會跟石美人搶奪同塊游泳區域時。

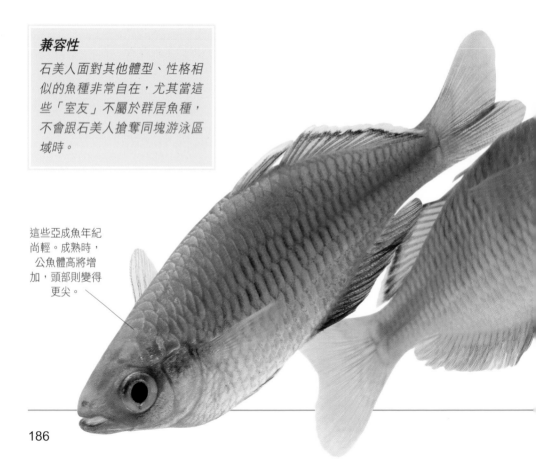

這些亞成魚年紀尚輕。成熟時，公魚體高將增加，頭部則變得更尖。

體長：公魚 10 公分、母魚 8 公分

▶ 產地

印尼西巴布亞省（Irian Jaya）的阿亞瑪魯湖（Ajamaru Lakes）。

注意

因為彩虹魚有時會躍出水面，務必替你的魚缸加一片玻璃上蓋。

欲維持魚身的漂亮光澤，用活餌或冷凍餌料做為魚隻主食。

小仙女

（*Iriatherina werneri* [58]）

獨一無二的魚鰭形狀讓小仙女獲得 **threadfin rainbowfish（絲鰭）**之名。公魚兩片背鰭的形狀截然不同：前面背鰭呈圓形或葉形，後面背鰭則逐漸收窄變尖。臀鰭彷彿後面背鰭的倒影，背、臀鰭邊緣都是亮黑色，往後延伸至帶紅邊的尾鰭。母魚魚鰭不會拖長。小仙女是體型最小的彩虹魚之一，大小魚缸都能用來飼養他們。多半在中層與上層活動，建議密植水草供藏身。不要把小仙女跟泰國鬥魚或兇暴的魮魚這類會啃咬公魚延伸魚鰭的魚種混養。成體最大體長為 5 公分。

相互誇示時，這些年輕公魚將拖長的背鰭豎起，彷彿旗幟一般。

臀鰭跟拖長的背鰭互成倒影。

紅蘋果美人 • *Glossolepis incisus*

彩虹魚家族的色彩讓人驚艷，這隻紅色彩虹魚更是其中翹楚。紅蘋果公魚為鮮紅色，魚身高駝且高鰭；母魚體型為魚雷狀，魚鱗介於橄欖綠到銀色。跟大多彩虹魚一樣，紅蘋果美人性情溫和、個性活潑，容易飼養也好繁殖。因為屬於活潑魚種，牠們需要大量游動空間及大小相近的同缸魚種。在水族店家時，彩虹魚常被誤認為不起眼的魚，這是因為牠們的體色必須要等魚隻到一定年紀、一定大小才會展現。若給予牠們時間，並與大小相似的魚隻混養，日後發色的彩虹魚總是能搶走所有鋒頭。

▶ 理想飼養條件

水質：中性到微鹼、中等硬度到硬水
溫度：22-24℃
食物：活餌、冷凍餌料及乾飼料
最低飼養量：三隻
最小魚缸規格：90 公分
活動範圍：中層、上層

▶ 繁殖

魚隻在略高水溫中交配，將卵產在拖把布或茂密水草（例如爪哇莫斯）上方。儘管紅蘋果美人體型大，牠的卵卻相對迷你。魚卵在大約一週後孵化，仔魚即可自由游動。餵食滴蟲讓仔魚開口。

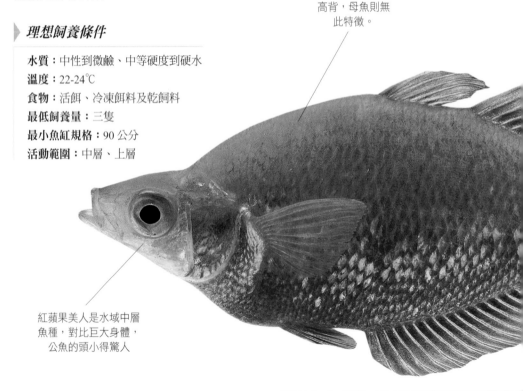

公魚擁有特殊的高背，母魚則無此特徵。

紅蘋果美人是水域中層魚種，對比巨大身體，公魚的頭小得驚人

體長： 公、母魚皆為 15 公分

▶ **產地**

新幾內亞

紅尾美人

（*Melanotaenia australis* [59]）

這隻色彩鮮豔的彩虹魚在大缸子跟四、五種其他彩虹魚混養時表現最佳。如同多數彩虹魚，紅尾美人偏好有大量的無遮蔽游動空間，除此之外牠算是要求不高的魚種之一。用優質薄片或顆粒飼料餵食。年輕個體顏色淡，偏銀灰色，可能要花上一年才能展現所有體色，不過等待是值得的。相較於其他彩虹魚，紅尾美人體側的紅、藍條紋對比強烈。公魚可長至 10 公分，母魚為 8 公分。

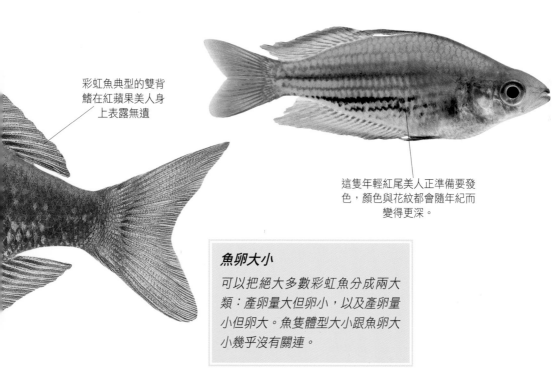

彩虹魚典型的雙背鰭在紅蘋果美人身上表露無遺

這隻年輕紅尾美人正準備要發色，顏色與花紋都會隨年紀而變得更深。

魚卵大小

可以把絕大多數彩虹魚分成兩大類：產卵量大但卵小，以及產卵量小但卵大。魚隻體型大小跟魚卵大小幾乎沒有關連。

---

59 譯按：紅尾美人早期被稱為 M. splendida australis，被認為只是為 M. splendida 中的亞種，後經分子生物鑑定，獨立成為一個物種。

電光美人 • *Melanotaenia praecox*

養這隻魚是一件樂事，牠對水質的要求很低，只要能避免極端硬度及極端酸鹼值即可。電光美人是群居性魚種，性情溫和，建議同時飼養至少六隻，如果想看到牠們最佳表現，建議在茂密草缸中保留足夠游動空間並飼養十隻以上。在野外，牠們棲息在溪流中，若能在魚缸中營造和緩水流對牠們最好。確保過濾系統高效運作，記得定期換水。

　　成魚是鮮豔的藍色，跟紅色魚鰭呈現強烈對比。用活餌、冷凍餌料，例如孑子或紅蟲好好餵食有助於發色。

▶ 理想飼養條件

水質：微酸、微軟水到微硬
溫度：24-27℃
食物：小型水生無脊椎動物，例如水蚤、孑子或紅蟲，活的或冷凍的皆可。薄片飼料。
最低飼養量：六隻
最小魚缸規格：60 公分
活動範圍：中層

這隻漂亮公魚是理想的種魚選擇

體長：公、母魚皆為 5 公分

▶ 產地

新幾內亞西巴布亞省北部的曼伯拉莫河。

仔魚飼養

須以滴蟲或極細的粉狀仔魚飼料餵食仔魚，約一週後仔魚可以開始食用剛孵化的豐年蝦及微蟲。不過，微蟲並不是一個很好的食物選項，因為彩虹魚仔魚都待在非常靠近水面的地方，而微蟲會落在魚缸底部。

繁殖缸設置

魚缸大小 60×30×30公分。

設置海綿過濾器（水妖精）。

為硬水、pH7.5、水溫 24-26℃。

在缸底放置一大叢爪哇莫斯。

▶ 繁殖

經過好好餵食的成魚會在爪哇莫斯上產出大量魚卵，若產卵後的親魚還是非常肥美，你可以把卵與仔魚留在原缸。然而，若缸中還飼養了其他魚種，那麼把卵移出，否則仔魚很快就會被吃光。在成長到 2.5 公分之前，亞成魚都無法展現出藍色體色。

性別差異

電光美人的性別很容易區分，公魚體高很高，這個背部高駝特徵並不常見於其他發育未成熟的彩虹魚。

荷蘭鳳凰 • *Microgeophagus ramirezi* [60]

荷蘭鳳凰是一種慈鯛，魚鰭上如寶石般的亮點、鮮豔體色、奇特的動作總能抓住水族愛好者的目光。可惜的是，經過大量繁殖後，已經產出許多基因弱化的不良個體。要挑選健康的個體有時是有些難度的，如果沒辦法買到野生魚，你可以挑選一對魚並拜託店家將牠們養在獨立的缸子一陣子，之後視你是否滿意牠們的體色來決定要不要帶這對回家。荷蘭鳳凰的有趣行為讓牠們顯得格外不同。提供荷蘭鳳凰軟水環境，用岩石、植物根部與水草布置大量小小藏身處。市面上有黃金荷蘭鳳凰以及長鰭等變異個體流通。

▶ 繁殖

若成魚經過活餌好好餵食，多數魚隻會在進入繁殖缸一個月內開始交配。求偶時，公母雙方都會張大魚鰭，並且展現強烈體色。魚卵孵化要花上三天，要到第七天後仔魚才具備自由游動的能力。

母魚體型較小，有個略呈紅色的腹部。

成熟公魚比母魚大一點，背鰭鰭條較高。

▶ 理想飼養條件

水質：酸性到中性、軟水到中等硬度
溫度：24-28℃
食物：小型冷凍餌料或活餌、乾餌料。
最低飼養量：兩隻
最小魚缸規格：60公分
活動範圍：中層到上層

60　譯按：荷蘭鳳凰是經過人工培育的豔麗版本，原始魚隻稱為「七彩鳳凰」，現在市面上販售的以亞洲或歐洲培育的荷蘭鳳凰為主。

體長：公、母魚皆為 6 公分

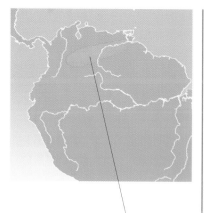

▶ **產地**

委內瑞拉及哥倫比亞境內的奧利
諾科河（*Orinoco River*）。

種魚的挑選

在水族店家中挑選種魚時，把所
有魚隻都看過一遍，觀察牠們的
泳姿與行為，已經配對成功的荷
蘭鳳凰會一直依靠在一起，甚至
會展現領域性。

當魚隻準備好要交配，牠們會選
擇一塊平整的石頭並把它打理乾
淨，之後母魚在上頭產下一排大
約兩百顆魚卵，有的魚會偏好躲
到看不見的洞穴內產卵。一旦種
魚在繁殖缸配對成功，把其他魚
隻都移到別的地方。

兼容性

魚隻性情溫和，但在繁
殖期會佔據一塊地方。

仔魚飼養

跟多數慈鯛仔魚比起
來，荷蘭鳳凰仔魚體型
算小，不過仍足以獵食
微蟲開口，三天內可吃
下剛孵化的豐年蝦。幾
週後，幼魚會開始游離
親魚，準備展開自己的
生活。

魚缸大小
60×30×30公分。

軟而微酸的水質（pH6.5），
水溫 25-28℃。

外置過濾器，出、入
水口隱藏在背側。

沿著魚缸兩側與背
側種植大量水草。

幾塊造景石堆疊
的區域

鑰匙洞短鯛 • *Cleithracara maronii*

鑰匙洞短鯛是討人喜歡、性情溫和的小魚，對混養環境適應良好，其柔和體色跟那些豔麗的魚種可形成很好的對比。當魚隻開心時，體側兩邊獨特的「鑰匙孔」會變成鮮明的黑色，不過，當魚隻緊迫時，圖案顏色會褪去，呈模糊的咖啡色。鑰匙洞短鯛兩側各有一條黑線，從上方經過眼睛往下延伸至鰓蓋邊緣。

　　挖砂行為僅出現在繁殖季，此行為也不大會影響魚缸太多，亦不會把水草掘出。這些慈鯛在成對飼養時表現最佳，牠們會無微不至地照顧幼魚，時間長達數月，直到幼魚可以保護自己為止。[61] 設置幾個有遮蔽的區域，讓牠們在感到威脅時能夠躲藏。

▶ 理想飼養條件

水質：微酸到微鹼、微硬水
溫度：22-25℃
食物：小型水生無脊椎動物，例如水蚤、孑孓或紅蟲，活的或冷凍的皆可。薄片飼料。
最低飼養量：一對
最小魚缸規格：60 公分
活動範圍：中下層到中層

公魚成體顏色更鮮豔、體型較母魚纖細。牠們的背鰭及臀鰭都會延伸收窄成尖角。

▶ 繁殖

對魚會建立領域，形成家庭，公魚和母魚都會照護幼魚。當牠們準備好要交配時，可藉由更高的體高、渾圓的魚身辨認出母魚；年輕魚的性別則難以分辨，所以建議一次買三到五隻以提高有公有母的機會。

　　一對成熟的鑰匙洞短鯛可以產出多達三百隻仔魚，別期待牠們都能長大，部分仔魚會成為其他同缸魚的餐點，不過仍有很高比例能存活下來，以至於你可能需要再擴一缸來養大牠們。

61　譯按：中文稱呼這類魚為「慈」鯛即著眼於牠們的護幼行為。

體長：公、母魚皆為 10 公分

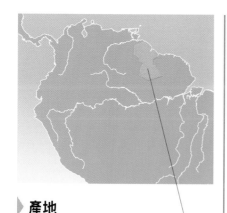

▶ **產地**

委內瑞拉南部以及圭亞納境內
流速緩慢的河川與溪流。

鑰匙洞短鯛已
經被商業繁殖
了數代。

黃金短鯛

（*Apistogramma borelli*）

這隻高雅小型慈鯛的背鰭常常看起來比魚身
還要大一些！魚身的深藍綠色以及金色勾勒
出這隻魚的漂亮模樣。公魚體型有母魚的
1.5 倍大，背鰭、臀鰭末端成尖角。這款南
美慈鯛喜歡花大把時間待在魚缸上層的水草
間，所以在魚缸中種植可長高的水草種類。
公魚最大體長為 8 公分，母魚為 4 至 5 公分。

黃金短鯛公魚驕傲地
在魚缸中展示自己。

野生魚的大小

在野外，慈鯛長得比人工繁殖的要大上不少，
然而野生採集個體並不是隨時都買得到，當
野生魚出現時往往十分搶手，價格自然水漲
船高。

斯卡神仙 • *Pterophyllum scalare*

神仙是非常雄偉的魚，受到許多水族玩家喜愛。大部分被商業販售的斯卡神仙為人工繁殖，許多已經出現近親交配的徵狀。例如體色糟糕、發育不良，其中最明顯的問題是部分神仙魚已經喪失慈鯛應具備的護幼習性，他們不知道如何照顧魚卵與仔魚，一般認為這是由於將魚卵移出孵化以及把幼魚隔離飼養等增加育成率的手法所導致。

　　斯卡神仙的公母辨別並不容易，唯一可靠的辦法是觀察凸出於洩殖孔的短生殖管：公魚是尖的，母魚是圓的。買年輕亞成魚，在草缸把牠們養大，在魚缸中央清出開放空間，在魚缸兩側與背側種植寬葉水草，例如皇冠草以及數叢水蘭。如果你想要，也可以在中央種植一些成長緩慢的草種。

野生神仙

大理石神仙

三色神仙

各種色型的神仙都滿強壯的，但魚鰭延伸的那些品種需要更高水溫以及優良的水質，在飼養上也具有一定難度。

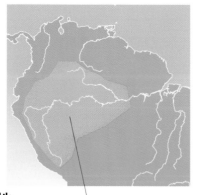

▶ 產地

秘魯及厄瓜多的中部
亞馬遜河及其支流。

▶ 理想飼養條件

水質：微酸到中性、微軟水到微硬
溫度：24-28℃
食物：神仙魚很貪吃，吃小型活餌、冷凍
餌料與薄片飼料，但會吃過量，可能導致
死亡，所以要掌控餵食量。
最低飼養量：三至四隻
最小魚缸規格：90 公分
活動範圍：中層

兼容性

年輕亞成魚性情溫和，但他們一旦配對後就開始
展現領域性，特別針對其他神仙魚。此時，將其
他神仙魚移出，只留對魚在原缸是比較好的處理
方式。相對於其他魚種，神仙魚處於優勢地位，
但他們不大會把別的魚打到受傷。別將神仙魚跟
太小的魚種混養，例如日光燈，否則會成為食物。

埃及神仙

（*Pterophyllum altum* [62]）

*這款魚來自奧利諾科河，體高更高，甚
至超出魚隻長度，成熟時可達 30 至 38
公分高，15 公分長。額頭到下巴的斜
度更陡，神仙魚帶狀紋路的體側讓他們
能隱身在被叢林斑駁光線照亮的水中枯
木中。埃及神仙需要大魚缸以及比飼養
斯卡神仙還高的水溫，他們很稀有，因
此價位極高，如果能成功繁殖（用酸性
軟水），你將變成大贏家！*

當成群飼養時，埃
及神仙表現極佳。

相較其他常見表
親，高身的埃及
神仙擁有更鮮明
的條紋。

62　譯按：埃及神仙並非產於埃及，為何取此中文名有幾種說法：種名 altum 發音類似
埃及；神仙魚英文為 angelfish，angel 發音類似埃及；埃及神仙的頭部及魚身的黑金交間
與法老塑像的條紋類似。

鳳尾短鯛 • *Apistogramma cacatuoides*

市面上的鳳尾短鯛已被培育出各種色型，身上標記也變得更明顯。公魚大很多，魚鰭延伸且帶有紅、橘、黃色花紋，英文名 cockatoo cichlid（cockatoo 為鳳頭鸚鵡）即得於此。母魚鮮豔的體色不遑多讓，鮮黃色魚身配上體側亮黑線條，儘管體型較小，母魚卻顯得更為大膽，常在魚缸四處探險。雖然具領域性，若能給予足夠空間，並養在大缸子中，鳳尾短鯛也能成為混養缸的好選擇。使用深色、砂質底砂，加上擺放飾品疊成洞穴，例如沉木、造景石，以及一些水草，這樣能帶出最佳的體色並有助於魚隻健康。鳳尾短鯛適合成對飼養，或者用數尾母魚配上一尾公魚。除非魚缸很大，否則別把牠們跟其他短鯛混養。

▶ **繁殖**

母魚會選好洞穴並打理乾淨，卵被產在洞穴中，幼魚會被母魚嚴密保護。

公魚的強烈體色已經跟野生魚的外觀有一定差異，但也因此讓鳳尾短鯛成為很受歡迎的魚種。

雖然沒有公魚那麼花俏，但體型小的母魚仍然很有看頭。

▶ **理想飼養條件**

水質：酸性到微鹼、軟水到中等硬度
溫度：22-26℃
食物：小型的活餌或冷凍餌料，乾飼料。
最低飼養量：兩隻
最小魚缸規格：60 公分
活動範圍：底層與中層

體長：公、母魚皆為 5 公分

▶ 產地

秘魯、厄瓜多、哥倫比亞東南部與巴西西北部境內的西部亞馬遜盆地。

維吉塔短鯛

（*Apistogramma viejita*）

儘管不像其他短鯛那麼常見，維吉塔短鯛絕對值得你特別尋找。這隻小型南美短鯛公魚在繁殖期的鮮黃體色讓人驚艷，可達 7.5 公分，比母魚（3 至 4 公分）要大很多，魚鰭拖長，黑點沿背部與體側延伸。維吉塔短鯛能在魚缸中繁殖，牠們會尋找洞穴交配，親魚會護衛巢穴，當其他魚隻靠近魚卵或仔魚時親魚即現身驅趕。

阿卡西短鯛

（*Apistogramma agassizii*）

這隻小型亞馬遜短鯛的顏色彌補了牠的體型，魚鰭色彩的變異性極高，下圖阿卡西具有火紅的背、臀、尾鰭，與深藍綠色的魚身恰成對比。藍色也分布在臉部兩側的大理石紋路上，讓這隻魚看起來如寶石一般。公魚體型比母魚大，尾鰭末端是尖的。因為公母辨別簡單，這隻魚常成對販售，不過若真要繁殖，你必須買數尾母魚配上一尾公魚。阿卡西短鯛體長 8 公分，並不大，喜歡有濃密水草及樹根狀的沉木構成能躲藏的環境。

跟鳳尾短鯛相比，阿卡西的花紋顯得較為單調。

一隻維吉塔公魚正在炫耀牠的鮮豔體色。

紅肚鳳凰 • *Pelvicachromis pulcher*

漂亮的紅肚鳳凰是水族新手的上好選擇。野生魚鮮少進口（引進時也極為昂貴），商業繁殖、人工養大的紅肚鳳凰非常能適應一般混養缸環境。購買紅肚鳳凰時只要觀察魚缸一段時間，應該就能分辨出公母，如果很幸運，甚至能找到已經配對完成的對魚。

　　這款魚在密植水草的混養缸中會非常自在，尤其當你提供牠們一些可以用來當「產房」的洞穴時。大部分時間紅肚鳳凰都很溫和，牠們會挖掘底砂，但不致於翻出水草。務必確保你鋪設了質地細緻的底砂，因為挖砂掘洞是牠們繁殖的必要步驟。

公魚體型大上一點，背、臀鰭末端是尖的，尾鰭中央鰭條延長凸出。

母魚體型較小，但體色仍然鮮豔，當準備交配時魚肚會轉為粉紅色。跟公魚比起來，母魚的魚鰭邊緣是圓滑的。

體長：公、母魚皆為 7.5-10 公分

▶ 產地

奈及利亞南部，大部分在尼日河（River Niger）西邊。

紅肚鳳凰的繁殖

紅肚鳳凰是典型的洞穴產卵魚種。若欲繁殖牠們，最好一次能養六隻以上的亞成魚，讓牠們自己配對；購買成熟對魚則是另一個方案。當對魚適應環境後，母魚會展開求偶，時間能持續一個月。要交配時，由母魚選定要產卵的洞穴，並把公魚引誘進來。紅肚鳳凰多半將卵產在洞穴頂部，數量可達兩百五十顆。魚卵孵化要花上三天時間，仔魚在第七天方能自由游動。一開始可以餵食豐年蝦以及微蟲開口，之後再添加仔魚飼料。

▶ 理想飼養條件

水質：微酸、中等硬度
溫度：24-25℃
食物：小型水生無脊椎動物，例如水蚤、子子或紅蟲，活的或冷凍的皆可。薄片飼料
最低飼養量：一對
最小魚缸規格：60 公分
活動範圍：底層到中層

一些區域種植水草。

適度軟水、中性水質。

設定溫度為 25-27℃。

魚缸大小 60×30×30 公分。

擺放大量造景石，堆疊出洞穴讓對魚選做繁殖場所。

國家圖書館出版品預行編目資料

淡水缸魚類圖鑑：從設置水族缸到選擇完美魚類的完整百
科！/ 吉娜・山德佛（Gina Sandford）著；王北辰, 張郁笛
譯. -- 初版. -- 臺中市：晨星, 2018.07
　　面；　　公分. -- (寵物館；65)

譯自：Mini Encyclopedia of the tropical aquarium

ISBN 978-986-443-456-5（平裝）

1.養魚 2.動物圖鑑

438.667　　　　　　　　　　　　　　　107006776

寵物館65

淡水缸魚類圖鑑：
從設置水族缸到選擇完美魚類的完整百科！

作者	吉娜・山德佛（Gina Sandford）
譯者	王北辰、張郁笛
主編	李俊翰
編輯	李佳旻
美術設計	曾麗香
封面設計	言忍巾貞工作室

創辦人	陳銘民
發行所	晨星出版有限公司
	407台中市西屯區工業30路1號1樓
	TEL：04-23595820　FAX：04-23550581
	行政院新聞局局版台業字第2500號
法律顧問	陳思成律師
初版	西元 2018 年 7 月 1 日

總經銷	知己圖書股份有限公司
	106 台北市大安區辛亥路一段 30 號 9 樓
	TEL：02-23672044 / 23672047　FAX：02-23635741
	407 台中市西屯區工業 30 路 1 號 1 樓
	TEL：04-23595819　FAX：04-23595493
	E-mail：service@morningstar.com.tw
網路書店	http://www.morningstar.com.tw
讀者服務專線	04-23595819#230
郵政劃撥	15060393（知己圖書股份有限公司）

印刷	啟呈印刷股份有限公司

定價 380 元
ISBN 978-986-443-456-5

Mini Encyclopedia of The Tropical Aquarium
Published by Interpet Publishing
© 2005 Interpet Publishing.
All rights reserved

◆讀者回函卡◆

姓名：＿＿＿＿＿＿＿＿＿ 性別：□男 □女 生日：西元 ＿＿／＿＿／＿＿

教育程度：□國小 □國中 □高中／職 □大學／專科 □碩士 □博士

職業：□學生 □公教人員 □企業／商業 □醫藥護理 □電子資訊
　　　□文化／媒體 □家庭主婦 □製造業 □軍警消 □農林漁牧
　　　□餐飲業 □旅遊業 □創作／作家 □自由業 □其他＿＿＿＿

E-mail：＿＿＿＿＿＿＿＿＿＿＿＿ 聯絡電話：＿＿＿＿＿＿＿＿＿＿

聯絡地址：□□□＿＿＿＿＿＿＿＿＿＿＿＿＿＿＿＿＿＿＿＿＿＿＿

購買書名：淡水缸魚類圖鑑：從設置水族缸到選擇完美魚類的完整百科！

・本書於那個通路購買？ □博客來 □誠品 □金石堂 □晨星網路書店 □其他＿＿＿

・促使您購買此書的原因？

□於 ＿＿＿＿＿ 書店尋找新知時 □親朋好友拍胸脯保證 □受文案或海報吸引
□看＿＿＿＿＿＿網路平台分享介紹 □翻閱 ＿＿＿＿＿＿＿ 報章雜誌時瞄到
□其他編輯萬萬想不到的過程：＿＿＿＿＿＿＿＿＿＿＿＿＿＿＿＿＿＿＿

・怎樣的書最能吸引您呢？

□封面設計 □內容主題 □文案 □價格 □贈品 □作者 □其他 ＿＿＿＿＿＿

・您喜歡的寵物題材是？

□狗狗 □貓咪 □老鼠 □兔子 □鳥類 □刺蝟 □蜜袋鼯
□貂 □魚類 □烏龜 □蛇類 □蛙類 □蜥蜴 □其他＿＿＿＿＿
□寵物行為 □寵物心理 □寵物飼養 □寵物飲食 □寵物圖鑑
□寵物醫學 □寵物小說 □寵物寫真書 □寵物圖文書 □其他＿＿＿＿

・請勾選您的閱讀嗜好：

□文學小說 □社科史哲 □健康醫療 □心理勵志 □商管財經 □語言學習
□休閒旅遊 □生活娛樂 □宗教命理 □親子童書 □兩性情慾 □圖文插畫
□寵物 □科普 □自然 □設計／生活雜藝 □其他 ＿＿＿＿＿＿

感謝填寫以上資料，請務必將此回函郵寄回本社，或傳真至 (04)2359-7123，
您的意見是我們出版更多好書的動力！

・其他意見：

※ 填寫本回函，我們將不定期提供您寵物相關出版及活動資訊！
　晨星出版有限公司 編輯群，感謝您！

也可以掃瞄 QRcode，
直接填寫線上回函唷！